中国名水志丛书

玉树三江源志

《玉树三江源志》编纂委员会 著

中国水利水电出版社
www.waterpub.com.cn
·北京·

内 容 提 要

青海玉树藏族自治州是大自然的奇迹，世界上很难再找这样的土地，大山巨川山脉与水脉彼此相连，万千雪峰间孕育出了长江、黄河、澜沧江亚洲三大江河。玉树也是文明演进的奇迹。约三千年前氐羌部落留下了这里早期文明的印迹，这里亦是藏汉文化的交汇地区，文化包容多元，水的文化绚丽多彩。三江源地跨青海省、西藏自治区、四川省，其中玉树州占其总面积超过90%，本书以名水志的体例，以玉树州为重点，记载三江源的自然与历史、地理、人文史、水利与水文化等。

本书适合从事历史、水利专业人员，以及对地理、历史、水文化有兴趣的读者。

图书在版编目（CIP）数据

玉树三江源志 /《玉树三江源志》编纂委员会著
. -- 北京：中国水利水电出版社，2023.10
（中国名水志丛书）
ISBN 978-7-5226-1818-0

Ⅰ. ①玉… Ⅱ. ①玉… Ⅲ. ①水利史－玉树藏族自治州 Ⅳ. ①TV-092

中国国家版本馆CIP数据核字(2023)第186130号

策划编辑：林　京

责任编辑：范冬阳

审图号： GS京（2022）0054号

书　名	中国名水志丛书 **玉树三江源志** YUSHU SANJIANGYUAN ZHI
作　者	《玉树三江源志》编纂委员会　著
出版发行	中国水利水电出版社 （北京市海淀区玉渊潭南路1号D座　100038） 网址：www.waterpub.com.cn E-mail: sales@mwr.gov.cn 电路：（010）68545888（营销中心）
经　售	北京科水图书销售有限公司 电话：（010）68545874、63202643 全国各地新华书店和相关出版物销售网点
排　版	中国水利水电出版社微机排版中心
印　刷	北京印匠彩色印刷有限公司
规　格	184mm×260mm　16开本　18.75印张　284千字
版　次	2023年10月第1版　2023年10月第1次印刷
定　价	**180.00元**

凡购买我社图书，如有缺页、倒页、脱页的，本社营销中心负责调换

版权所有·侵权必究

《中国名水志丛书》编纂指导委员会

主　　　任　谭徐明

副　主　任　陈茂山　李中锋

委　　　员　（按姓氏笔画排序）

　　　　　　牛志奇　王瑞芳　王梅枝　王　凯
　　　　　　张卫东　张英聘　吴浓娣　李训喜
　　　　　　杨惠淑　顾　浩　靳怀堾　蒋　超
　　　　　　邱志荣

《玉树三江源志》编纂组

总　　　撰　谭徐明　才多杰　李云鹏

撰　　　稿　朱严宏　才永扎　旦巴达杰　陈方舟

　　　　　　皮运崧　阚卓文毛　王　力　刘建刚

　　　　　　巴才仁　索南忠尕　尕玛达杰　优　忠

　　　　　　朱云枫　王秀锦　普措看着　尕玛永德旺江

审　　　稿　张卫东　李中锋

英 文 目 录　李中锋

凡 例

一、《玉树三江源志》系"中国名水志丛书"之一，根据中国地方志指导小组对名山名水志编纂要求，采用百科全书体例，不设篇章结构。内容表述仍遵从地方志原则，按门类、按时间横排纵写。

二、全志贯通古今，力求客观反映三江源地区自然地理、历史文化，全面呈现三江源保护的历程。

三、本志文体一律为语体文记述体。藏民族语言原则上按藏语语音以汉字表达，并注以藏语原意。引用古籍，除特定含义的才用繁体字外，统一使用标准简化字。

四、本志时间上限溯源至三江源地区文明发端，下限至2020年。

五、三江源，特指长江、黄河、澜沧江之干流源。含源区各江河的水系，以及源区范围内的内陆河水系。

六、源头，指长江、黄河、澜沧江各干流源头，泉水出露地面后，最初形成地表径流之处。本志以中国科学院地理所、各流域机构对正源的认定为依据。源头认定有歧义时，并举不同源头。

七、本志略语、简称均在第一次出现时用全称，其后采用简称。如"玉树藏族自治州"，除特定语境下之外，一般采用简称"玉树州"。"水利部长江水利委员会"简称"长江委"；"水利部黄河水利委员会"简称"黄委";"国家发展和改革委员会"简称"国家发改委";"中国人民政治协商会议全国委员会"简称"全国政协"等。

八、本志度量衡单位，遵从所涉及不同时期的习惯。如里、公里，斤、公斤，亩、万亩等单位。农历一律用汉字表达，如一月初五，二月十日。

九、本书的照片除署名者外，均为编写组成员摄。

总 序

20世纪80年代第一次出现了全国编纂江河水利志的热潮。中国地方志从来不乏水利专志、专卷，各级地方志更是多设水利的专篇，但是系统修江河水利志还是历史上的第一次。此后40年，七大江河的江河志、各地的水利志、水利工程志相继出版，有的近年还完成了续志。地方志"存史、资政、教化"的功能在近年的水利事业发展中的作用逐渐发挥出来。江河水利志在当代水利规划、建设和工程管理中成为不可或缺的资料基础，当然江河水利志的属性决定了它的主要受益者是从事水利的管理者、研究者。2018年中国地方志指导委员会发起了"中国名水文化工程计划"，名水志便是此计划达成的目标，其初衷旨在全面、客观、系统地记述中国名江大川的历史与现状，保护江河，保护水资源，保护历史文化遗产，彰显地方、时代特色，为推进生态文明建设，建设美丽中国，传承发展中华优秀传统文化生态文化，实现人与自然和谐发展提供历史经验和现实借鉴。

在城市化的进程，加剧了水资源短缺，以及洪水、干旱与水污染的灾害威胁。与此同时是人们对美好环境更多的向往，对可持续水资源开发和保护的持续关注，还有水利文明和文化与现代水利事业的日益融合。总之，水利行业内外，学界和公众逐渐感受到"水"的热度，"水"也从不同领域多个方面，以多种形式走近公众，今天认知"水"和关心"水"已经成为普遍的文化自觉。

名水志的编纂纳入了新一轮修志工作之中，实在是恰逢其时。新时期水利事业的发展，是建立在可持续治水理念基础上的。水利工程规划和建设说到底是决策者和设计者的文化表达，其认同也反映出社会各界与水利从业者的文化融合程度。水利与社会如何达成最大的共识，无论是水的管理者，还是水的受益者，都有必要走近江河，了解江河及其开发利用的历史，了解江河与社会千丝万缕的联系。名水志突破了江河水利志以工程和技术为核心的固有范畴，更多地着笔江河的自然、社会、历史文化，达成水利与社会、水利与文化的相互交融与贯通。

在2021年水利部办公厅组织的首次名水志编纂申报中，全国有107部名水志上报选题，其中17部入选第一批出版计划。必须指出的是，此前长达数十年江河水利志的编修工作为今天名水志的编纂打下了良好基础。这个基础，其一是具有良好专业与文化素养的修志队伍；其二是此前留下和近年积累的资料基础。名水志是既具专业性、资料性，更有可读性的志书。期待在既有江河水利志的工作基础上，编纂者进一步发掘资料，展宽领域，凿通江河与自然、社会，现代与历史，技术与文化之间的隔阂，成就出更多更精彩的名水志。

所谓名水，或形胜，或文化，往往一水兼备形胜与文化。形胜者，江河的天生禀赋。如玉树三江源，北负昆仑山，南依唐古拉山，可可西里居其西，境内雪峰并列如阵，这是大自然的奇迹。文化者，水利工程对河流的造就。如都江堰，重塑成都平原的河流；昆明湖及长河对北京城市河湖水系的造就。凡有大江大河流经之处，便是经济繁盛、人文荟萃之地，也是水利工程建设和管理的重要区域。著名者，珠江于广州、黄浦江于上海、海河于天津，皆水贯于城，文脉系于水。古往今来无数见证历史的水利事件或水利工程，赋予了江河湖泊超越时空的魅力。江河之间，水利工程的运用和管理之中，逐渐生发、蕴育出的文化，沁入时代长河中而无处不在。

名水志，可谓水利专家修志而又跳出了行业范畴，从河流的自然、人文更多视角，更为开阔的广度为江河立传，为水利立言。名水志具有志书的功能，保持横排纵写、纪事述史的特点。但是，相较传统志书，体例又有所不同。名水志各专业门类、知识点相对独立，又相互贯通，既便于使用者查阅，也利于全面系统地了解。名水志或以水，或以水利工程成志。"水"者，江河、湖泊；而以水利工程成志者，因其特有的历史文化地位，且水利效益的可持续性而入选。名水志究其实质，简而概之是为江河存史。细究，则各志有自己的精彩与独到。大凡如山川地理，水文特质，地文和人文景观，水资源开发与保护，水工程维护与用水管理，河长制、湖长制之属必在记载之列。至于水利与社会、文化，水利与国家公园，水利与自然保护区，以及水利遗产、区域水文化之属，则是因其所有，当记则详记。总之，有鲜明的地域特点才是上乘。

水利的可持续发展、水资源环境和水利遗产保护的驱动力来自文化。名水志作为有百科全书功能的志书，不仅是存史的宝库，也是给人以思考、以启迪的江河通鉴。无论何人，如果从中读懂江河，不行跬步而求得好山好水；若至于实地见江河奔流、碧水蓝天则知其所以然。有这样的名水志，江河幸甚、读者幸甚。是以为序。

2022 年 8 月 26 日

致读者

三江源区包括青海省玉树、果洛、黄南和海南四个藏族自治州的16个县，以及格尔木市的唐古拉山镇，其中约90%的疆域在玉树州境内。玉树州地域辽阔，面积占青海省总面积的37%。三江源地处青藏高原的腹地，这片土地美轮美奂，北负昆仑山，南依唐古拉山，可可西里居其西，境内雪峰并列如阵。三江源区在永久性冻土冰川、草甸沼泽、高原林区之间，流出汩汩细流，汇集成湖，孕育江河。亚洲最长的三条江河长江、黄河及澜沧江发源于此，素有"中华水塔"之称。

长江源正源沱沱河、南源当曲和北源楚玛尔河均发源玉树。主源沱沱河流经玉树约600公里。在治多县境内先后与当曲、楚玛尔河合流而为通天河。通天河至玉树市东接纳巴塘河，以下进入万里长江的金沙江段。通天河多年平均流量411立方米每秒，向长江输送年水量179.4亿立方米。黄河源以约古宗列曲为正源，发源于曲麻莱县巴颜喀拉山麓。黄河在玉树段称玛曲，长150公里，在曲麻莱县麻多乡注入黄河源第一湖扎陵湖，多年平均流量27.61立方米每秒，向黄河输送年水量8.71亿立方米。澜沧江在玉树境内称扎曲，发源杂多县境内，流经杂多县、囊谦县后进入西藏昌都，在玉树州境内全长465.5公里，向澜沧江输送年水量108.9亿立方米。

三江源的可可西里是三江源最寒冷地区，冰川面积629.52平方公里，冰川储量629.52亿立方米，年融水量3.54亿立方米。

可可西里湖泊众多，水域总面积3442.9平方公里，是三江源水量调节的腹心。三江源作为大江大河的水源涵养区和水资源输出区，战略地位何其重要！

在群山拱卫之中的三江源大部分地区海拔在4000~5000米之间。境内雪峰冰川地貌发育，冻融作用强烈。从东南到西北，分布高山峡谷、高原山地、低山宽谷、丘状山原不同的地理单元。长江、黄河、澜沧江以及众多溪流自西北向东南并列穿行，或峡谷急流，或蜿蜒曲折，与沼泽、湖泊交错，天然牧场分布其间。山涧峡谷有众多小气候区域，是玉树藏族自治州（以下简称玉树州）农耕畜牧交错地带。自然环境多元，塑造了玉树雄浑跌宕、逸丽多彩的自然风光。

玉树州常住人口42.55万人（《玉树州统计年鉴2021》），藏族占总人口的98%，地处多、卫、康（马域安多、法域卫藏、人域康巴）的交汇区。这里包容藏传佛教的四大流派（宁玛派、噶举派、萨迦派、格鲁派）。特有的自然环境孕育了玉树独特的地域文化。玉树州全境在夏商周时为氐羌地，属雍州，与古蜀、岐周多有文化的交流。先秦时期成书的《山海经》中留下了氐羌较多的历史印迹。两汉及三国时玉树为西羌地，晋及南北朝先后为吐谷浑、鲜卑、党项所据。隋唐宋为吐蕃地，元明时为蒙古占有。清乾隆朝玉树归于中央羁縻治下的地方自治，玉树会盟成为玉树与藏族其他各部，与中央联络的纽带。今天玉树民众参与度最高的赛马节是玉树会盟的文化表达，是蕴涵文化渊源，凝聚藏族部落之间、藏汉之间团结的文化纽带。

20世纪80年代以来，随着气候变暖，区域经济活动加剧，三江源区冰川后退，湖区草甸沼泽蜕化。2000年8月，国务院批准在三江源建立自然保护区，三江源保护由此提升为国家战略，保护区大多在玉树州境内。2003年，国务院先后批准青海省三江源自然保护区生态保护建设工程；2006年，青海省委、省政府取消了对三江源区的GDP考核指标。2010年，玉树州遭遇特大地震后，灾后基础设施得以全面重建或新建。2016年，我国首个国家公园体制试点在三江源地区正式启动；2017年，可可西里成功申遗列入《世界遗产名录》，三江源生态环境持续向好。

近年来，水利在为三江源生态保护和水安全保驾护航诸方面发挥了重要作用。自河长、湖长制度全面实施以来，三江源的各级河流和湖泊管理加强。水利工程建设资金投入逐年增加，全面实施了玉树州小流域水源涵养工程，使三江源水源涵养区总面积达到1230平方公里。长江源区重要河段治理和堤防建设取得了历史性的突破，使城镇范围内山洪泥石流得到较好的控制，有效地改善了市政设施。20世纪80年代三江源区的农田水利基础设施开始起步，2010年灾后重建优先实施了防洪沟道治理、高效节水灌溉等农牧区水利基础设施建设。随着水利配套推进，农牧区饮水安全得到明显改善，农田及饲料基地得到了有效灌溉保障。

玉树有独特的地域文化。源于藏传佛教的自然信仰和祭祀传统，赋予了"水"丰富多彩的文化表达。这里有山川江河燧火望燎的煨桑仪礼，也有爱水、惜水、护水的习俗民风。在保护环境的同时，如何使涉藏地区经济持续向好发展，不仅需要三江源区内广大群众的普遍认同，更需要得到内地各方的理解和支持。三江源独特的水文化是最好的媒介。玉树三江源水文化节自2016年开启以来，每年7月如期举行。热情洋溢的民族风情，富有仪式感和神圣感的水文化节庆，让民众唤起对江河、对自然的敬畏，由内心生发出热爱江河、保护江河、维护三江源纯净的文化自觉。玉树的江河文化由此得以弘扬和传承，关爱江河的文化意识由此传递给更多的民众，"水"的管理通过文化沁润而深入民心，获得更普遍的认可。

2021年《玉树三江源志》列入中国名水志文化工程。在水利部江河水利志工作指导委员会支持下，专家学者担纲修志，玉树州水利局干部职工参与其中，共同完成了《玉树三江源志》的编纂。在这一过程中每一位参与者得以全面认识玉树这片魅力无限的山川。这是一部具有百科全书特点的江河志，呈现了三江源的山川地理、人文景观。我作为生活于斯、工作于斯的玉树人，何其有幸！我也期待读者通过志书领略三江源之壮美，由此而热爱、而走入玉树。

才多杰 [1]

2022年5月7日

---

[1] 才多杰（1970年— ），藏族，2015年至今任玉树州水利局党组书记、局长。

目录

凡例

总序

致读者

总述 / 1

大事记 / 5

区域自然环境 / 29

  地貌 / 30

  土壤和植被 / 31

  气候、水文特点 / 33

政区及沿革 / 35

区域经济 / 36

国家公园 / 37

涉水保护区 / 40

 自然保护区 / 40

  三江源国家级自然保护区 / 41

  可可西里自然保护区 / 42

  隆宝湖国家级自然保护区 / 43

  水产种质资源保护区 / 46

 水利风景区 / 47

  囊谦县澜沧江国家水利风景区 / 47

玉树州通天河国家水利风景区　／　47

　　　杂多县澜沧江源省级水利风景区　／　49

三江源各源区区位及水资源特性　／　50

　　长江源区　／　50

　　黄河源区　／　50

　　澜沧江源区　／　51

　　三江源区水文水资源　／　55

　　生态环境　／　61

　　湿地　／　61

三江源地文　／　63

　　长江之源　／　63

　　长江正源沱沱河　／　64

　　　沱沱河主要支流　／　66

　　　沱沱河流域主要湖泊　／　71

　　长江南源当曲　／　73

　　　当曲主要支流　／　73

　　　当曲流域主要湖泊　／　75

　　长江北源楚玛尔河　／　75

　　通天河上段（囊极巴陇至楚玛尔河口）　／　78

　　　通天河主要支流　／　78

　　　通天河主要湖泊　／　84

　　长江源区自然环境　／　87

　　　地貌　／　87

　　　长江源区山脉　／　91

　　　冰川　／　95

冻土　/　98

　　温泉谷地　/　99

　　沼泽湿地　/　100

　　盆地　/　100

长江源区气象水文　/　101

　　长江源区气候特征　/　103

　　长江源水文站　/　104

　　长江源区土壤与植被　/　105

黄河之源　/　106

黄河源水系　/　107

　　黄河源区主要河流　/　108

　　主要湖泊　/　118

黄河源区自然环境　/　126

　　地貌　/　126

黄河源区气象水文　/　132

　　气候特征　/　134

　　黄河源区水文特征　/　135

黄河源区土壤植被　/　138

　　土壤　/　138

　　植被　/　139

澜沧江之源　/　142

澜沧江源区水系　/　143

　　澜沧江源区主要支流　/　144

　　澜沧江源区主要湖泊　/　147

澜沧江源区自然环境　/　147

地貌　/　148

澜沧江源区气象水文　/　155

气候特征　/　156

水文特征　/　156

土壤　/　157

植被　/　159

三江源水利　/　166

水利遗产　/　166

玉树县相古寺渠　/　166

囊谦县白扎盐田水利系统　/　170

水利工程　/　170

城乡供水工程　/　170

水土保持工程　/　172

中小流域综合治理工程　/　173

中小流域水源地涵养工程　/　174

防洪工程　/　174

灌区工程　/　176

农田灌溉工程　/　177

三江源生态保护工程　/　179

三江源生态保护规划实施　/　181

黑土滩治理　/　181

水电工程　/　182

重点水电站工程　/　182

河（湖）长制　/　183

河湖长制责任单位与职责　/　185

三江源人文 / 189

 区域简史 / 189

  从氐羌到藏族 / 192

  玉树地域文化性态 / 195

 神山 / 197

  三江源区的神山 / 197

  山神的民间信仰 / 200

  山神崇拜文化外延：嘛呢石 / 202

 水神 / 205

  以神湖（河）为中心的水神崇拜 / 205

  龙神崇拜与沐浴节 / 208

 行旅 / 211

  陆路交通 / 211

  渡口 / 211

 民俗文化 / 212

  礼仪 / 213

 歌舞 / 215

  卓舞 / 215

  伊舞 / 216

  格萨尔王传说和格萨尔舞 / 216

 节庆 / 217

  赛马节 / 217

  治多白螺湖祭祀 / 219

  三江源水文化节 / 219

  康巴艺术节 / 223

　　　　噶玛日泽节　/　223

　　　　藏历年节　/　224

　三江源地理认知与科学考察　/　225

　　　长江源　/　225

　　　　历史时期的长江江源认知　/　225

　　　　现代长江源测绘　/　227

　　　　江源科考与长江源确定　/　228

　　　黄河源　/　229

　　　　历史时期的黄河源认知与考察　/　229

　　　　现代河源考察与河源确定　/　233

　　　澜沧江源　/　235

　　　　澜沧江源考察　/　235

　　　　澜沧江源说　/　235

文献辑录　/　239

　　　《海内西经》　/　239

　　　《大荒西经》　/　240

　　　《西山经》　/　243

　　　（元）潘昂霄《河源记》　/　244

　　　（清）乾隆《御制命馆臣编辑河源纪略谕》　/　246

　　　星宿海等处山川之神祀礼　/　248

　　　中国第一幅江河源图　/　248

　　　1914年周务学《查勘玉树界务报告》　/　248

　　　水文化建设文存　/　254

　　　　落实陈雷部长水利、水文化建设工作指示的报告　/　254

2016年7月三江源保护文化行动——专家八人谈 / 256

2015年首届世界水源地峰会 / 265

中国名水志文化工程首批申报项目专家评审会纪要 / 267

参考文献 / 271

Contents

General Notices

General Preface

Preface

Introduction / **1**

Chronological Events / **5**

Regional Natural Environment / **29**

    Topography / 30

    Soil and Vegetation / 31

    Climatic and Hydrological Conditions / 33

Administration Areas and Their Evolution / **35**

Regional Economy / **36**

National Park / **37**

Water-related Protection Zones / **40**

  Nature Reserves / **40**

    National Nature Reserve of the Three Rivers' Sources / 41

    Hoh Xil Nature Reserve / 42

    National Nature Reserve of the Longbao Lake / 43

    Aquatic Germplasm Resources Protection Zone / 46

  Water Parks / **47**

    National Water Park of Lancang River in Nangqian County / 47

    National Water Park of Tongtian River in Yushu Prefecture / 47

    Provincial Water Park of Lancang River Source in Zaduo County / 49

Locations of the Three Rivers' Sources and Their Water Resources Characteristics / 50

    Source Area of Yangtze River / 50

    Source Area of Yellow River / 50

    Source Area of Lancang River / 51

    Hydrology and Water Resources in the Three Rivers' Source Areas / 55

    Ecology and Environment / 61

    Wetlands / 61

Origins of Yangtze River / 63

    Tuotuo River: Orthodox Source of Yangtze River / 64

        Main Tributaries of Tuotuo River / 66

        Main Lakes in Tuotuo River Basin / 71

    Dangqu River: South Source of Yangtze River / 73

        Main Tributaries of Dangqu River / 73

        Main Lakes in Dangqu River Basin / 75

    Chumar River: North Source of Yangtze River / 75

    Upper Part of Tongtian River (from Nangjibalong to Chumar River Mouth) / 78

        Main Tributaries of Tongtian River / 78

        Main Lakes in Tongtian River Basin / 84

    Natural Environment in Source Area of Yangtze River / 85

        Geomorphology / 87

        Mountains / 91

        Glaciers / 95

        Frozen Soils / 98

        Thermal Spring Valley / 99

        Marshes / 100

        Basin / 100

    Meteorology and Hydrology in Source Area of Yangtze River / 101

        Meteorological Characteristics / 103

        Hydrological Stations / 104

        Soil and Vegetation / 105

Origins of Yellow River / 106

    River System in Source Area of Yellow River / 107

        Main Rivers / 108

        Main Lakes / 118

    Natural Environment in Source Area of Yellow River / 126

        Geomorphology / 126

    Meteorology and Hydrology in Source Area of Yellow River / 132

        Meteorological Characteristics / 134

        Hydrological Characteristics / 135

    Soil and Vegetation in Source Area of Yellow River / 138

        Soil / 138

        Vegetation / 139

Origins of Lancang River / 142

    River System in Source Area of Lancang River / 143

        Main Tributaries in Source Area / 144

        Main Lakes in Source Area / 147

    Natural Environment in Source Area of Lancang River / 147

        Geomorphology / 148

    Meteorology and Hydrology in Source Area of Lancang River / 155

        Meteorological Characteristics / 156

        Hydrological Characteristics / 156

        Soil / 157

        Vegetation / 159

Water-related Activities in the Three Rivers' Source Area / 166

    Water Heritages / 166

        Xianggusi Canal in Yushu County / 166

        Water System of Baizha Salt Field in Nangqian County / 170

    Hydraulic Engineering / 170

        Water Supply for Urban and Rural Districts / 170

        Soil and Water Conservation / 172

        Comprehensive Treatment for Small and Medium

Watersheds / 173

Source Water Conservation in Small and Medium
　　Watersheds / 174

Flood Control / 174

Irrigation Districts / 176

Farmland Irrigation / 177

Ecological Protection in the Three Rivers' Sources / 179

Implementation of the Ecological Protection Plan in Source
　　Regions / 181

Improvement of Black Soil Patch / 181

Hydropower Engineering / 182

Hydropower Stations / 182

River (Lake) Chief System / 183

Responsible Organizations and Their Duties in River (Lake) Chief
　　System / 185

Humanities in the Three Rivers' Source Area / 189

Regional Brief History / 189

From Diqiang to Tibetan / 192

Cultural Characteristics in Yushu Area / 195

Sacred Mountains / 197

Sacred Mountains in Source Area / 197

Folk Belief of Mountain Deity / 200

Mani Stone: Cultural Extension of Mountain Deity
　　Worship / 202

Water Deity / 205

Water Deity Worship Centered on Lake (River) Gods / 205

Dragon God Worship and the Bathing Festival / 208

Travel / 211

Land Transportation / 211

Ferries / 211

Folk Culture / 212

Etiquette / 213

Music and Dance / 215

      Zhuo Dance / 215

      Yi Dance / 216

      Legend of King Gesar and Gesar Dance / 216

  Festivals and Celebrations / **217**

      Horse Race Festival / 217

      Bailuo Lake Fete in Zhiduo County / 219

      Water Culture Festival of the Three Rivers' Sources / 219

      Kangba Art Festival / 223

      Bathing Festival (Gama Riji) / 223

      Tibetan New Year Festival / 224

Geographical Cognition and Scientific Expedition for the Three Rivers' Sources / **225**

  About Sources of Yangtze River / **225**

      Source Cognition of Yangtze River in Historical Periods / 225

      Modern Surveying and Mapping about Sources of Yangtze River / 227

      Scientific Expedition and Identification of Sources of Yangtze River / 228

  About Sources of Yellow River / **229**

      Source Cognition of Yellow River in Historical Periods / 229

      Modern Expedition and Identification of Sources of Yellow River / 233

  About Sources of Lancang River / **235**

      Expedition of Sources of Lancang River / 235

      Source Opinions about Lancang River / 235

Literature Selection / **239**

      From the Classic of Regions Within the Seas: the West / 239

      From the Classic of the Great Wilderness: the West / 240

      From the Classic of the Western Mountains / 243

      From the Records of River Sources by Pan Angxiao in Yuan Dynasty / 244

Imperial Edict Given to Chamberlains about Compiling the
    Summary of River Sources by Emperor Qianlong in Qing
    Dynasty / 246
Fetes of Mountain Deities in Xingxiuhai and Other Places / 248
The First Chinese Map of Yellow River Sources / 248
A Report of Yushu Boundary Survey by Zhou Wuxue in 1914 / 248

Selected Articles about Water Culture Promotion / **254**
    An Implementation Report about Minister Chen Lei's Instructions for
        Water Resources and Water Culture Construction / 254
    Eight Experts' Talk Views about Cultural Actions of Three
        Rivers' Sources Protection in July 2016 / 256
    The First Summit Conference of the World Source Water Areas
        2015 / 265
    Minutes of Experts' Review Meeting of Program Applications of
        Chronicles for Chinese Famous Waters (Phase I) / 267

Reference / **271**

总 述

　　三江源地处世界屋脊青藏高原的腹地，是长江、黄河和澜沧江的发源地，海拔3335～6860米，为典型的高原大陆性气候，年平均气温为-5.6～3.8℃，降水量为262.2～772.8毫米，蒸发量为730～1700毫米。据测算，长江总水量的25%、黄河总水量的49%和澜沧江总水量的15%都来自三江源地区（三江源在中国的位置图）。三江源区河流密集，湖泊沼泽众多，雪山冰川广布，是亚洲孕育

三江源在中国的位置图

大江大河最集中的地区，也是全球在高海拔上生物多样性最集中的地区和影响力最大的生态调节区，被誉为"中华水塔"。三江源地区在维护自然界生态平衡中有着重要意义。

三江源包括青海省玉树、果洛、黄南和海南四个藏族自治州的16个县和格尔木市唐古拉山镇，总面积36.3万平方公里，总人口59万多人，民族构成以藏族为主。

本志涵盖的地理范围主要是指三江源所在玉树藏族自治州（以下简称玉树州）的范围。玉树州地处东经89°35′~97°55′、北纬31°35′~36°30′之间，东西长738公里，南北宽406公里。北与青海省海西蒙古族藏族自治州相连，东与果洛藏族自治州接壤，东南与四川省甘孜藏族自治州毗邻，南与西同西藏自治区昌都市、那曲市交界，西北角与新疆维吾尔自治区巴音郭楞蒙古自治州接壤。玉树占三江源总面积超过90%，是三江源保护国家战略最重要的区域。

玉树是大自然的奇迹，在青藏高原的雪峰中孕育了长江、黄河、澜沧江亚洲三大河流的源头。世界上很难再找这样的土地，源头如此之近的三江并流，雪山

总述

千眼湿地

山脉、江河水脉彼此相连。玉树也是文明演进的奇迹。玉树是藏文"遗址"的音译。《山海经》记"昆仑之丘，河水出焉"，这是古人的地理观，也是玉树悠远的历史回声。也只有雪域高原特有的自然环境才能够造就出这一区域多元奇特的玉树文化。

玉树地区在中国历史文化中同样具有重要地位，全州人口98%为藏族，地处康、卫、多（人域康巴、法域卫藏、马域安多）三大藏族聚居区的交汇区，这里包容藏传佛教的四大流派。唐朝文成公主、金城公主进藏途中，在玉树留下许多珍贵的文物和历史遗迹，见证了中华民族和谐共处的历史。清雍正十一年（1733年）中央政府为加强对西部边疆的控制，促进藏族聚居区各部落的团结，举行首次"玉树会盟",此后由中央政府驻藏大臣与玉树地区部落首领定期举行会盟仪式,这一活动延续至光绪三十四年(1908年)。与之同时开始的星宿海黄河源祭祀,是玉树会盟活动的重要内容,由中央政府派出的使臣主持祭祀大典。中央政府主导的玉树会盟和河源祭祀是具有国家礼法大典的仪式,河源祭祀分为年祀和三年大祀,深刻地影响着300年来藏族聚居区的政治、文化性态,并与藏族民众宗教信仰活动和节庆习俗融合,形成了康藏地区与中央政府密切的向心力。

特有的自然环境孕育了玉树独特的地域文化。现代玉树以藏民族为主,民俗、宗教属于藏民族文化圈。从民族演变来看,其源为羌、吐谷浑、吐蕃支裔。从人文史看,夏商周时为氏羌地,属雍州,与古蜀、岐周有较多的交流,在先秦时期《山海经》中留下了较多的历史印迹。两汉及三国时为西羌地,晋及魏晋南北朝先后为吐谷浑、鲜卑、党项所据。隋唐宋为吐蕃地,元明时为蒙古占有,土著人沦为蒙古奴隶。清乾隆初归于中央政府羁縻治下的地方自治,玉树会盟成为与藏族各部,与中央联络的纽带一直维系至清末。与其他藏族聚居区相比,玉树地区受中原文化影响较深。今天玉树民众参与度最高的赛马节是玉树会盟的产物,是具有文化渊源,体现不同藏族部落之间、藏汉之间团结的文化符号。

玉树地区与藏族聚居区既有基于藏传佛教的自然信仰和祭祀传统,也有对江河、对水更为深厚、多元的文化表达形式,在历史时期具有特殊的政治意义。随着时间推移,这一活动逐渐融入到藏族百姓敬畏自然的思想观念中,深刻地影响着民众的生活、生产方式,甚至民俗节气活动,形成了敬畏自然、关爱江河的独特文化传统,丰厚的、多层面的文化内涵。其中山川祭祀采用佛教通行的经文和藏传佛教特有的仪式,保留了中原三千年前殷商祭祀山川江河燔火望燎的煨桑仪礼,这是在内地几乎消失的非物质文化遗产。2016年玉树州举行首届水文化节以来,至2020年已经连续举行了5届,玉树三江源水文化赋予了新时代使命和内容,在生态环境保护、水资源保护等方面将发挥深远的影响。

大　事　记

距今 20000—4000 年前

距今 20000 年　考古发现玉树藏族自治州西部可可西里盆地旧石器时期人工打制的石器，距今约 20000 年。

距今 4000 年　长江源沱沱河流域已有采集、狩猎和驯化、豢养动物的人类活动；通天河中下游流域出现定居部族。发现了这一时期的打制石器的遗址，发掘出数百件石片和石器。

西周至战国时期（约公元前 11 世纪—前 221 年）

周穆王时期（约公元前 1054—前 949 年）　藏族的先民氐羌部族与西周始有交流。传说穆王驾车西巡，与昆仑山西王母相会于天池。西王母是氐羌部落首领，氐羌活动区域在今青海省、四川省、甘肃省、陕西省交界区域。

约公元前 384—前 362 年　西羌首领卬率部由青海湖东部西迁至今三江源地区。西羌尊昆仑为神，奉蜀国开明王为祖先神。卬所率羌人与当地土著人融合形成了三江源地区的羌部落群体，史称"唐旄羌"。

秦汉三国时期（公元前 221—265 年）

约公元前 2 世纪　今西藏地区进入了象雄文化时期，本土宗教苯教兴起。汉代苯教传入玉树地区。

3 世纪　西羌与中原之间战争不断，几度逼近长安、成都，反复重创东汉帝国。

两晋南北朝时期（265—589年）

4—5世纪　吐谷浑据有今青海大部，强化了三江源地区的游牧草原经济形态。玉树地区为吐谷浑白兰党项所据，并存多个部落联盟的邦国。

苏毗国据有今青海省玉树至四川省阿坝广大疆域。苏毗是母系部族联盟的邦国。通天河流域有并立的邦国多弥国。

隋唐宋时期（581—1278年）

隋开皇六年（586年）　苏毗国遣使与隋通好。

唐武德九年（626年）　苏毗国遣使与唐通好。

贞观四年（630年）　苏毗归附吐蕃。随即多弥归于吐蕃，改称难磨。自此青藏高原为吐蕃疆域。藏民族形成。

贞观十二年（638年）　吐蕃王松赞干布攻吐谷浑、党项等部族。吐蕃扩大了对青藏高原的控制。

贞观十五年（641年）　唐与吐蕃和亲，文成公主进藏。松赞干布率兵迎亲至柏海（即今鄂陵湖）。在今玉树市结古镇南勒巴沟石崖上凿九尊浮雕佛像，主佛大日如来佛。69年后，景龙元年（707年），金城公主进藏，途经今玉树县勒巴沟，建大日如来佛堂，后人或称文成公主庙。

显庆元年（656年）　唐朝封授苏毗孙波女王为"右监门中郎将"。孙波王时为摆脱吐蕃统治，恢复旧国，与唐通好，多次派使臣、王子前往长安。

至德元年（756年）　唐朝封孙波王子悉诺罗为怀义王，赐姓李。

贞元九年（793年）　末代孙波王率亲唐众人经川西至长安归附唐朝。

9—10世纪　唐末至五代十国割据分立时期。吐蕃分裂，藏族聚居区形成独立的分治局面。玉树地区亦部落割据各自为政，为称雄草原频发战争。藏传佛教形成，格萨尔王传说在藏族聚居区传播。

北宋咸平四年（1001年）　今玉树市结古镇建寺庙，传说此系格萨尔王三十部之一智·噶德所建，后人称扎武噶德颇章。1958年遗址处出土骨制弓箭、刀、箭囊、肩鞍等器物。

南宋绍兴十二年（1142年）　藏传佛教噶举派支系直贡噶举派创始人觉巴吉热仁肯贝出生于结古镇。觉巴吉热仁青贝创建噶举派祖寺卓玛邦杂寺，撰《修菩萨心》《修身为本尊》等佛学著作。

十二世纪中　居住在折拉卡（今四川省康定市）吉乎·枯隆荣布部落头领直哇阿路率部族迁徙今囊谦地区。直哇阿路为玉树囊谦族的先祖。

淳熙二年（1175年）　南宋黎州（治今四川省汉源县）地方官发给直哇阿路文册，认定登拉滩等6个部落1万户为囊谦领地和属民。自此囊谦部族成为三江源区诸族之首族。

嘉熙三年（1239年）　阔端部族多达那波率军入藏，途经玉树地区，焚毁当卡寺。

元明清时期（1262—1911年）

元至元元年（1264年）　今玉树地区，属元吐蕃等路宣慰使司都元帅府管辖。

至元二年（1265年）　元朝册封囊谦王为"大宝法王"的八思巴，封赐囊谦王文册，并任命囊谦根蚌寺住持。

明永乐六年（1408年）　明朝廷封赐囊谦王族根蚌寺住持吉乎·桑周尖措为"功德自在宣抚国师"。

崇祯十年（1637年）　蒙古部落顾始汗率和硕特，由别失八里（今新疆乌鲁木齐）迁徙青海，玉树地区成为青海和硕特蒙古的势力范围，历时100多年。除囊谦部族外，诸族归附和硕特蒙古。

崇祯十二年（1639年）　四川康区白利土司出兵攻占囊谦，焚毁囊谦根蚌寺。

清顺治三年（1646年）　五世达赖赐囊谦王阿牛为"毛旺仁庆囊嘉"号，颁发锦缎文册。

雍正三年（1725年）　清政府在西宁设立总理青海蒙古番子事务大臣（简称西宁办事大臣）。自此中央政府统理青海各族。

雍正十年（1732年）　清廷勘定玉树地区各部落界址，三江源区康巴四十部族属西宁大臣管辖。

雍正十一年（1733年）　西宁办事大臣在玉树结古举行千百户会盟。玉树会盟结束了和硕特蒙古统治时期部族之间彼此征战的分裂局面，增强了青藏高原与中央王朝的联系。

雍正十二年（1734年）　举行第二次玉树会盟。清廷按照土司制度和玉树各族分布，由兵部委任巴彦南称千户1员，下设玉树百户25员、百长102员，建立起上下统辖的地方事务管理体系。

同年，西宁办事大臣衙门颁布《青海番例六十八条》（简称《番例》），此为维护地方治安的第一部政府法规。

乾隆元年（1736年）　举行第三次玉树会盟。是年会盟后清廷定会盟期为隔一年会盟一次。

乾隆二年（1737年）　举行第四次玉树千百户会盟。改玉树会盟每3年一次。自此3年一次的会盟制度，一直沿袭至1908年。

乾隆三年（1738年）　玉树大地震。玉树、年措、固察、称多、安冲、典巴、隆布、下扎武等部族受灾。灾区永行免赋。

道光二年（1822年）　囊谦千户属下的阿里克族东迁至今青海省海北藏族自治州祁连县。

中华民国（1912—1949年）

1912年　中华民国成立。

1912年　玉树地区归属民国政府西宁办事长官管辖范围。

1913年2月　川边经略使尹昌衡奉政府令进军西藏。进藏途经过玉树地区时，北洋军占领囊谦并向当地部落头人派支乌拉差役，索取粮草供应。

是年冬，西宁镇总兵管带马彦虎率领兵弁20人由西宁进驻结古。青海马家军开始驻兵玉树。

是年，因囊谦诸部二十五族的归属，爆发甘肃与四川边界纠纷。

1914 年　北洋政府甘肃边关道尹忠武、周务学前往玉树勘测界。甘肃第四中学校长周希武、测绘员牛载坤等人于是年 11 月 26 日抵达结古，历经 9 个月查勘，完成《查勘玉树界务报告》。1919 年周希武著《玉树调查记》，由商务印书馆出版发行。之后，西北地区自然及人文考察渐成学者考察热点地区。

1915 年 5 月　北洋政府准囊谦二十五族归属西宁办事长官管理。青海、四川边界纠纷遂告平息。

1916 年　北洋政府内务部为玉树二十五族千百户发放执照，确立北洋政府对千百户的领属关系。次年，设玉树理事。

1929 年　青海建省，设玉树县，县治结古镇。张道藩为玉树县首任县长。

1933 年 10 月　由玉树县析置囊谦县，治香达庄（今香达镇）。

1935 年　马步芳在青海省建立了十五个保安区，玉树编为第十五保安区。保安司令由囊谦千户旺泽·才仁拉加担任。

1936 年 12 月　九世班禅曲吉尼玛抵玉树结古镇，驻结古寺。

1937 年　设称多县，县治周均庄。

1939 年　设青海省第一区行政督察专员公署，驻玉树，辖玉树县、称多县、囊谦县。

1940 年　马步芳部与玉树布庆、隆保、拉秀 3 个部落发生战争，战乱历时 4 年。马步芳部侵扰寺庙，杀害寺僧，劫掠牛、羊、马。布庆、隆保、拉秀等部落被迫逃往西藏避难。

1944 年　宁玉（西宁至玉树）公路通车，旋即废弃。

是年　避难西藏黑河的拉秀部落 400 余户、宗举部落 300 余户、隆宝部落 100 余户和百日麦马、休马、称多三部落 200 余户，全部翻越唐古拉山，回到玉树各部落原驻牧地。

1946 年　创办"国立玉树学校"。

1948 年　创办"青海省立玉树简易师范学校"。

1949年7月　囊谦千户扎西才旺多杰率领扎武、布庆、拉布、香达、布沙等族百户及随从237人至西宁，骏马千匹献给中国人民解放军。9月，玉树县、称多县发出起义电文，表示接受中国共产党的领导。

当代（1949—2020年）

1950年

1月1日　青海省人民政府成立。玉树特派员马峻、部落头人久美当选省人民政府委员。6月，撤销特派员办公处，成立青海省玉树分区人民行政督察专员公署。

是年，玉树地区总人口12.31万人。

1951年

12月25日　玉树藏族自治区人民政府成立。

1953年

7月　设杂多县。原囊谦上中下坝地区、玉树县格吉地区划入杂多县。

10月　设曲麻莱县、治多县。

1954年

1月　玉树巴塘机场竣工。

11月　青藏公路西宁至玉树段建成通车，全长827公里，次年1月开通西宁至玉树的公路客运。

1955年

6月23日　玉树藏族自治区第一届人民代表大会，会议在结古召开，并作了《关于改变本省专区级、县级民族自治区名称和组织机构的决议》，将玉树藏族自治区改为玉树藏族自治州。

1956 年

3月　巴塘机场试航。结古镇至机场架设电话线。

1956年冬至1957年春　玉树州发生雪灾，冻死牲畜92.69万头（只），死亡率达30.13%，直接经济损失达13903.50万元。

1957 年

10月　成立玉树州民族初级师范学校。

12月　大日如来佛堂（即文成公主庙）列为青海省文物保护单位。成立州屯垦青年安置委员会。

1958 年

5月　称多发生叛乱，波及玉树县、囊谦县、杂多县、治多县等。

11月　中国人民解放军平叛部队进入巴塘。

1959 年

2月　成立玉树农场。1万名青年赴玉树县、囊谦县、称多县参加农垦队伍。

8月　平叛结束，恢复社会秩序。

10月　结古电厂发电。玉树县城开始电灯照明。

1960 年

7月　玉树州农药化肥厂建成投产。

9月　开放结古寺院。

是年，玉树州总人口10.05万人，次年人口降至9.56万人，为1950年以来最低。

1963 年

7月1日　通天河大桥竣工通车。

1966—1976 年

1969年10月　结古镇东方红水电站第一台机组建成发电。水电站引巴塘河水，建于州府所在地结古镇当代村，引水流量7立方米每秒，设计水头23米，单机流量3立方米每秒，装机容量2×500千瓦。

1970年　玉树州总人口12.78万人。

1971年　称多县一级水电站竣工、投产运行。水电站引细曲河水，建于称多县称文乡，设计水头19米，单机流量1.7立方米每秒，装机容量1×200千瓦。

1971年冬至1972年春　玉树州发生雪灾，冻死牲畜72.40万头（只），死亡率达16.34%，直接经济损失达10860.00万元。

1974年冬至1975年春　玉树州发生雪灾，冻死牲畜78.70万头（只），死亡率达15.57%，直接经济损失达11805.00万元。至1976年，自治州总人口16.86万人。

1977 年

治多县多彩乡聂恰河当江荣水电站竣工、投产运行。设计水头15.5米，单机流量1.3立方米每秒，装机容量2×125千瓦。

1980 年

是年　玉树州总人口18.41万人。

1981 年冬至 1982 年春

玉树州发生特大雪灾，冻死牲畜132万头（只），死亡率达24.35%，直接经济损失达19800.00万元。

1983 年

10 月 1 日　玉树州曲麻莱水电站建成投产。水电站装机容量 640 千瓦。

1984 年

1 月　玉树州水利局成立。

1984 年冬至 1985 年春　玉树州发生雪灾，冻死牲畜 99 万头（只），死亡率达 22.78%，直接经济损失达 14850.00 万元。

1986 年

6 月　中国科学院成都分院组成长江科学考察漂流探险队。探险队 40 余人，从长江源头——沱沱河下水，开始长江源区的漂流探险。

7 月　国务院批准在玉树县设置国家隆宝自然保护区。

11 月　巴塘乡相古水电站竣工发电。青（海）康（定）公路玉树囊谦至西藏昌都类乌齐县通车，全长 92 公里。

1987 年

7 月　中国科学院地理研究所章生等 10 名研究人员组成长江源考察团，赴长江源专题考察源区水环境。此为"七五"期间国家重点科技攻关项目。

12 月　称多县二级水电站工程竣工。该水电站位于通天河岗查沟下游，引水式水电站，设计水头 26 米，单机流量 2.7 立方米每秒，装机容量 2×320 千瓦，年发电量 348 万千瓦时。

1988 年

2—3 月　玉树县小苏莽乡遭春雪袭击，因灾死亡牲畜 2123 头，冻伤牧民 63 人，患雪盲症 123 人。

8月　中国科学院地理研究所青藏高原中部水源水质普查工作结束。普查结果表明，分布于青藏高原中部的水源，98%以上符合国家饮用水标准。

9月　于扎陵湖、鄂陵湖两湖间，海拔4610.00米的措哇尕泽山脊，树"华夏之魂"黄河源头纪念碑。中共中央总书记胡耀邦、全国人大常委会副委员长十世班禅额尔德尼·确吉坚赞分别以汉藏文题写了"黄河源头"。

1989年

3月　囊谦乩扎林场发生森林大火，烧毁森林67亩。

1989年冬至1990年春　玉树州发生雪灾，冻死牲畜58.20万头（只），死亡率达14.70%，直接经济损失达8730.00万元。

1990年

10月　囊谦县扎曲水电站竣工发电。水电站位于澜沧江上游扎曲河，囊谦县香达乡境内，引水式电站，设计水头11米，单机流量8.3立方米每秒，装机容量2×650千瓦。

是年　青海盐湖研究所副研究员胡东生等在可可西里科学考察中，于乌兰乌拉湖南部发现9件石器，碳14鉴定为旧石器时期的器物，距今约2万年。

是年　玉树州总人口22.96万人，各类牲畜存栏374.79万头（只）。

1991年

11月　玉树、囊谦、称多3县（州）农牧局下设水利局（科级），由农牧局副局长兼县水利局局长。

1992年

12月　玉树州结古镇供水工程竣工，修建供水管道13.03公里，日供水能力达5000吨，投资450万元。

1993年

1—4月　玉树州境内发生雪灾，积雪厚度25～40厘米，积雪覆盖面积近15万平方公里。至4月底，全州受灾面积1.32万平方公里，因雪灾死亡牲畜84.67万头（只），死亡率达20.96%，直接经济损失达12700.50万元，有800多人被冻伤。

1994年

1月　中共治多县委副书记、西部工委书记、可可西里经济技术开发公司总经理杰桑·索南达杰为保护珍稀野生动物在可可西里太阳湖遇难。林业部、国家环境保护总局追授杰桑·索南达杰为"环保卫士"。

7月　玉树州出现持续高温和干旱少雨天气，日平均气温比正常年份同期上升1℃以上，7月降雨量为44.7毫米，全州粮食产量比正常年份减产五成以上。

8月　科玛水电站建成发电。该水电站是称多县扎朵金矿的配套工程，水电站位于通天河支流细曲上，在称多县科玛村境内，设计水头21.5米，单机流量4立方米每秒，装机容量2×630千瓦，总投资1500万元，年发电量825万千瓦时。

8月　长江上游海拔最高的孟宗沟小流域水土流失综合治理通过省级鉴定。孟宗沟小流域位于玉树县境内的长江二级支流上，是由长江委和青海省水利厅联合下达的治理项目，治理工作始于1990年。5年共投资47.34万元，通过治理，每年可减少泥沙流失9732吨。

1995年

1月　玉树州政府颁布实施《玉树藏族自治州水资源管理办法》。

5月　进入可可西里非法采金人员达3000余人。

6月　玉树州政府颁布实施《玉树藏族自治州土地管理办法》和《玉树藏族自治州森林资源管理办法》。

1995年冬至1996年春　玉树州发生特大雪灾，冻死牲畜129.00万头（只），死亡率达 34.72%。牧民成为绝畜户 2199 户，牧民成为少畜户 13178 户，患雪盲症 13032 人，被冻伤 14642 人，直接经济损失达 7.6 亿元。遭受雪灾后，党中央、国务院、青海省委、省政府以及国内外社会团体、社会各界予以极大关注，组织飞机 5 架（次）空投救灾物资，汽车 150 余辆（次）运送救灾粮食和各类药品。受灾区收到捐赠衣物 14 万件、马靴 2900 双、救灾款 800 万元、救灾粮 150 万公斤。

1996 年

6 月　玉树州水利局更名玉树州水利电力局。

7 月　经国务院批准，玉树县列入全国第三批 300 个农村水电初级电气化县建设计划，从 1996 年起实施，5 年内完成。

1997 年

5 月　巴塘河禅古水电站开工，在结古镇境内，总投资 5600 万元，设计装机容量 3×1600 千瓦，计划用 3 年时间完成。水电站建成后，与结古东方红水电站、西杭水电站联网，电网可覆盖结古镇和巴塘地区。

7 月 1 日　当托水电站竣工。水电站在巴塘河支流亚弄科上，巴塘乡当托村境内，设计水头 10.6 米，单机流量 1.432 立方米每秒，装机容量 1×100 千瓦。

12 月至次年 1 月　玉树州先后出现 5 次大的降雪，累计降雪 17 场。平均积雪厚度 60 厘米，不少地方积雪厚度达 150 厘米。玉树地区有 17 个乡受灾，全州死亡牲畜 21 万头（只）。雪灾严重导致大部分地区通信中断，食品、燃料、饲料短缺稀缺。

1998 年

8 月 9—10 日　囊谦县香达农业综合开发项目通过验收。项目水利工程的投资 126 万元，修建香达南渠和日却渠 10.29 公里，修建各类渠系建筑物 93 座，新增有效灌溉面积 4209 亩。

1999 年

2月11日　同卡水电站失事，该水电站于1993年开工建设，1997年10月28日开始试运行。水电站所处河流为聂恰河，建设地点在同卡，设计水头9.3米，单机流量6.8立方米每秒，装机容量3×500千瓦，总投资3500万元。

3月11日　国务院副总理温家宝就同卡水电站失事报告作出批示："青海省政府要根据国家法规对这起事故进行严肃处理，追究责任，吸取教训，并制定整改措施。"

6月　在长江正源沱沱河与青藏公路交会处竖立"长江源"环境保护纪念碑。

10月　举行黄河源碑揭碑仪式。青海省人民政府副省长穆东升、水利部副部长周文智、黄委主任鄂竟平为黄河源碑揭碑。黄河源坐落在曲麻莱县麻多乡境内。"黄河源"碑由国家主席江泽民题写。

2000 年

7月　结古至巴塘乡10千伏输电线路工程竣工。

8月18日至9月2日　黄河流域水资源保护局启动"黄河源头地区水环境及生态考察"活动。采集各类监测和调查数据1000余个，收集各类相关资料30余册。

8月19日　青海三江源自然保护区正式设立。是日，国家林业局、中央电视台和青海省政府在玉树州通天河畔举行了三江源自然保护区成立大会暨江泽民总书记题名的保护区纪念碑揭碑仪式。

10月　《青海省志·长江黄河澜沧江源志》首发式在青海省水利厅举行。

玉树州全国第三批农村水电初级电气化县项目竣工。禅古水电站竣工、投产运行。水电站所处河流为巴塘河，建于结古镇禅古村，设计水头40米，单机流量4.76立方米每秒，装机容量3×1600千瓦。

2001 年

6月25—27日　囊谦、治多扎曲河、聂恰河突发洪水，冲毁堤坝75米。囊谦县50户居民住宅被淹没，倒塌损坏房屋147间。白扎乡（原名乩扎乡）公雅寺姑庵经堂房屋倒塌，造成13人死亡，13人受伤。

9月　长江源头唐古拉山镇沱沱河畔举行长江源头水土保持工程启动仪式。长江源头水土保持工程范围涉及青海省的海西、玉树、果洛3州8县和格尔木市，面积10万平方公里。

长江委主任蔡其华、青海省政府副秘书长曹宏、水利厅副厅长刘伟民和格尔木市有关领导，视察万里长江第一站——沱沱河水文站，并送慰问金。

10月　设立玉树州水土保持工作站和水土保持预防监督站。

11月　中国林业科学院等单位编制完成《青海省三江源自然保护区科考报告和总体规划》规划保护区总面积30.2万平方公里，其中核心区、缓冲区19处，面积7.8万平方公里。

是月，玉树州水利电力局更名玉树州水务局。

2002 年

1月　长江水利委员会批准《长江源头水土保持预防保护工程实施方案》，方案实施范围包括玉树州在内的3州1市8县，面积达15.97万平方公里，总投资45万元。

4月　开始实施《长江源头区水保预防保护工程管理暂行办法》。

5月　长江、黄河源区水土保持预防保护监督工程启动大会在西宁举行。工程涉及青海省5州18县（市），面积为26.4万平方公里。总投资1000万元。

5月　经国务院批准，玉树州的玉树和称多两县被列入全国"十五"水利农村电气化县建设计划。

2003 年

1月　国务院批准成立"三江源国家级自然保护区"。2005年，省级保护区管理局（县级）由调整为国家级保护区管理局（副厅级）。

7月29日　19时，结古镇地区突发洪水，造成失踪1人，受重伤2人，民居被冲毁30多户。

2004 年

4月　称多县拉贡水电站开工。总投资1.5亿元，2006年年底竣工。总装机容量8000千瓦，水头12.34米，流量80立方米每秒。

7月　青海省发展和改革委员会批复三江源区水土保持生态修复一期项目可研报告。计划在玉树县、称多县、玛多县、河南县和贵南县5县，实施人工管护全封育草面积3060平方公里，人工管护半封禁育草（划区轮牧）面积4580平方公里，网围栏封禁面积260平方公里。建设工期1年，总投资2815万元。

9月　水利部黄河水利委员会主任李国英率队考察黄河源。黄委考察团向麻多乡两所小学捐款2万元。

2005 年

1月　国务院第79次常务会议批准实施《青海三江源自然保护区生态保护和建设总体规划》，实施三江源自然保护区生态保护和建设规划，旨在保护和改善三江源生态环境，对国家可持续发展具有重要的战略意义。

2月　扎陵湖、鄂陵湖列入联合国教科文组织重要湿地名录。

青海省政府召开全省退牧还草与生态移民工作会议。省政府同果洛藏族自治州、玉树藏族自治州、黄南藏族自治州、海南藏族自治州和格尔木市签订了全省退牧还草与生态移民责任书。

3月　三江源增雨作业飞机，首次在格尔木市和三江源地区试飞成功。

6月　青海省三江源生态保护和建设办公室正式挂牌。中国气象局与青海省政府以"省部合作"形式，共同建设三江源人工增雨作业及管理工作体系。

7月　三江源国家级自然保护区管理局成立。管理局设在西宁市。

8月　青海省政府和中国科学院联合举办"三江源生态保护与可持续发展高级学术研讨会"。

10月　三江源区草原鼠害防治工作开展，防治面积达到8122万亩，涵盖了整个三江源地区。

11月　8集电视专题片《三江源》在中央电视台科教频道首播。

12月　国家发展和改革委员会稽察办派出稽察组，对实施的三江源生态保护和建设项目进行专项稽察。《人民日报》发表《青海力保三江源"中华水塔"》专题报道，称三江源地区通过减人减畜、封山育林等措施，生态环境恶化趋势得到缓解。

12月　玉树州的玉树、称多"十五"农村水电电气化县通过验收。

2006年

1月　三江源生态监测与评估首期培训班开班。《三江源自然保护区生态保护和建设生态环境监测项目》进入实施阶段。

8月　建立三江源区遥感影像解译标志库，完成三江源生态监测遥感影像解译地面野外核查工作。

9月　《黑土滩综合治理工程实施细则》《建设养畜配套工程实施细则》《草原鼠害防治工程实施细则》《草原防火建设工程实施细则》发布实施，为规范项目管理和确保工程建设质量提供了制度保障。

10月　三江源自然保护区生态保护和建设总体规划2005年、2006年度能源建设项目太阳能户用电源发送仪式在西宁举行。项目向三江源区配送太阳灶5208台，太阳能户用电源5729台，项目投资约3000万元。

11月　龙青峡水电厂试运行发电，该水电厂位于杂多县境内的澜沧江上游干流扎曲河上，装机容量2500千瓦，是杂多县唯一的电力来源。

12月　三江源地区设置496个生态监测基础站点和14个生态系统综合监测站。

2007年

5月　青海三江源自然保护区生态保护和建设工程生态监测项目数据库基础平台建设投入运行。

8月　由全国政协牵头组织农业部、中国科学院、中国气象局、中国地震局等部门领导和专家，到玉树州就"三江源生态保护和建设"情况进行专题调研。

9月　三江源自然保护区生态保护和建设工程生态监测项目玉树珍秦草地生态系统等14个综合监测站竣工投入运用。

12月　囊谦县香达水电站通过验收。香达水电站属小（2）型引水式电站。装机容量2×400千瓦，年发电量369.24万千瓦时。

2008年

7月　全国人大专题调研黄河沿岸生态保护和综合开发情况。

9月　由青海省政府组织，国家测绘局指导，武汉大学测绘学院技术支持，青海省测绘局负责实施的三江源科学考察活动启动。考察历时41天，考察最终成果汇集为《三江源头科学考察成果》。

10月　青海第一家省级民间环境保护组织"青海省三江源生态环境保护协会"在西宁成立。

11月　"中华水塔三江源"被确定为青海省2010年上海世界博览会展示主题。

是月　本年度历时7个月三江源地区人工增雨作业结束，共增加降水66.19亿立方米。

2009年

3月　《三江源区水资源综合规划》通过审定。

2010 年

4月14日　7时49分，玉树州发生达到里氏7.1级，震源深度14公里。最大烈度达到9度，波及范围约3万平方公里，重灾区面积4000平方公里。地震共造成2698人遇难，270人失踪，246842人受灾；灾区房屋大量倒塌损毁，基础设施严重破坏，生态环境受到严重威胁，经济社会发展遭受重大损失，直接经济损失610多亿元；禅古水电站大坝出现次高危险情，结古镇供水系统全部瘫痪，电力供应完全中断。

是日，水利抗震救灾指挥部成立，紧急部署水利抗震救灾工作。11时48分，拉贡水电站至结古中心变电所35千伏线路供电恢复。

4月15日　水利部副部长刘宁到禅古水电站大坝指导抗震救灾工作。凌晨1时，中心变电所联结结古镇主城区首条10千伏线路抢通，青海省抗震救灾总指挥部恢复供电；14时15分，玉树州人民医院供电线路抢通。

4月16日　水利部部长陈雷在北京主持召开抗震救灾视频会议，安排部署玉树州水利抗震救灾工作。

4月17日　玉树灾区应急供水水源工程正式恢复通水。

4月18日　中共中央总书记、国家主席、中央军委主席胡锦涛抵达玉树地震灾区，实地指导抗震救灾工作，慰问灾区干部群众。

4月21日　玉树县结古镇新建北路500多人、480多头牲畜和哈秀乡哈秀寺260多名僧众的应急供水点开始供水；17时15分，结古镇受损严重的10条高压输电线路全部投入运行。

4月24日　国务院副总理回良玉视察玉树州水利抗震救灾工作。

5月1日　国务院总理温家宝到玉树州视察水利抗震救灾工作。

是月　玉树州地震灾区首批灾后恢复重建工程——禅古新村、甘达新村建设工程、结古镇堤防应急除险加固工程开工。灾后恢复重建防洪工程全面启动。禅古水电站震后低水位发电。

是月　水利部部长、部抗震救灾领导小组组长陈雷主持召开水利部抗震救灾领导小组第四次全体会议，传达贯彻国务院抗震救灾总指挥部第十三次会议精神，部署玉树震区水利灾后恢复重建工作。

5月11日　国务院副总理李克强视察玉树州抗震救灾工作。

是月　禅古新村、甘达新村水利基础设施恢复重建工程正式开工。玉树州结古镇过渡安置点供水工程及赛马场安置点临时防洪工程正式开工。

6月1日　中共中央政治局常委、中央书记处书记、国家副主席习近平到玉树地震灾区考察，慰问灾区各族干部群众和灾后重建人员。

是月　玉树州称多县首个卫星连续运行基准站正式开通运行。玉树州结古镇巴塘河和扎西科河堤防主体工程如期完成。禅古水电站大坝应急除险加固工程全部完成。

7月　"青海大学—清华大学三江源高寒草地生态系统野外观测站"在玉树县珍秦乡挂牌。野外观测站承担三江源生态系统监测，清华大学党委书记胡和平、青海大学党委书记乔正孝为观测站揭牌。

8月　治多县聂恰二级、囊谦县香达、杂多县龙青峡和称多县拉贡水电站水土保持项目竣工。禅古水电站大坝应急除险加固工程完工。玉树州曲麻莱县"十一五"水电农村电气化建设项目通过省级验收。玉树州称多县尕多乡浦口水电站正式开工。

9月　玉树州玉树县结古镇震后应急水源工程竣工运营。玉树州结古镇城区沟道排洪应急除险加固工程通过完工验收。

11月　举办灾后重建水土保持工作培训班。青海省水土保持局制订了《关于简化玉树地震灾后恢复重建项目水土保持方案审批工作指导手册》。

2011年

1月　由中国科学院西北高原生物研究所和青海省畜牧兽医科学院等单位共同完成的"三江源区退化草地生态系统恢复与生态畜牧业发展技术及应用"、由青海省气象研究所等单位承担完成的"三江源湿地变化与修复技术研究与示范"两项科研成果通过验收。

7月　三江源生态保护和建设二期工程规划研讨会在西宁召开，生态领域的专家学者与会。

7月　玉树州结古镇灾后重建两河防洪工程通过审查。

8月　玉树地震灾后重建现场指挥部在北京召开援建工作座谈会。北京市政府、中国建筑集团有限公司、中国铁路工程集团有限公司、中国铁道建筑集团有限公司、中国水利水电建设集团有限公司、中国城市规划设计研究院以及青海省政府、省国资委、玉树州委州政府负责人出席。

9月　玉树州灾后重建项目扎西科河、巴塘河河道治理工程正式开工建设。

2012年

5月　查隆通水电站试运行发电。水电站位于玉树县境内的扎曲河支流子曲河上，装机容量10500千瓦，设计年发电量4200万千瓦时，玉树州灾后电力重建重点项目，2010年5月开工，是迄今为止玉树州境内建成的规模最大的水电站。

7月　中国国电集团有限公司青海分公司与青海省水利水电（集团）有限责任公司签订合作协议，开发青海玉树州澜沧江上游扎曲河等3条河流150万千瓦以上的水电资源，总计年发电量超过60亿千瓦时。工程完工后将改变玉树州缺电情况。

7月　青海省人大常委会专题调研青海三江源生态保护工作。

8月　水利部党组副书记、副部长矫勇赴玉树州调研2010年"4·14"地震水利灾后重建工作。

10月　玉树州水务局更名玉树州水利局。

12月　《青海省玉树藏族自治州子曲水电梯级开发规划环境影响报告书》通过青海省环境保护厅审查。

2013 年

4 月　三江源生态保护与建设工程实施工作会议在西宁召开。青海省政府与玉树藏族自治州、果洛藏族自治州、黄南藏族自治州、海南藏族自治州人民政府及省农牧厅、林业厅、环境保护厅、水利厅等部门和单位签订了 2013 年度项目实施目标责任书和廉政责任书。

4 月　《青海省囊谦澜沧江水利风景区总体规划》通过专家评审。同年，囊谦澜沧江列入国家水利风景区。

5 月　三江源一期工程成效航测通过评审。航测面积 55.5 万平方公里，形成 3.5 万张高清晰影像资料，为三江源保护工程评估提供评判依据。

7 月　国务院批准设青海省玉树市，撤销玉树县。

2014 年

1 月　国家发展和改革委员会下发《关于印发青海三江源生态保护和建设二期工程规划的通知》。该《通知》指出，要加大工程实施力度，以保护和恢复植被为核心，将自然修复与工程建设相结合，加强草原、森林、荒漠、湿地与河湖生态系统保护和建设，规定并严守生态保护红线，完善生态监测预警预报体系，夯实生态保护和建设的基础。青海三江源国家生态保护综合试验区建设暨三江源生态保护和建设二期工程启动大会在西宁举行。

2015 年

10 月　水利部部长陈雷一行深入玉树市巴塘、隆宝、结古等地进行调研，实地察看了灾后重建人畜饮水工程、农牧区饮水安全保障等项目。

11 月　青海省三江源生态保护和建设办公室通过玉树藏族自治州、果洛藏族自治州、黄南藏族自治州、海南藏族自治州三江源生态保护工程建设进度、质量、资金拨付，以及 2014—2015 年度三江源项目档案管理等考核。

2016 年

4 月　水利部精神文明建设指导委员会办公室处长王卫国一行 4 人到玉树州调研。召开玉树州水文化建设座谈会。

6 月　称多县拉布乡郭吾村半自动化农田喷灌工程竣工。

7 月　举办玉树赛马节，首届玉树水文化节同时举行。

8 月　水利部中国灌溉排水发展中心会同青海省水利厅有关部门赴玉树市、称多县调研农田水利和草原灌溉。

9 月　杨凌职业技术学院玉树州水利人才订单班正式开学，40 名玉树州的学生赴杨凌开始水利专业学习。《青海省玉树藏族自治州水生态文明试点城市建设实施方案》通过审查。

10 月　玉树州通天河评为国家水利风景区。全州"河长制"工作启动。

11 月　水利部部长陈雷在北京主持召开玉树水利工作座谈会。水利部规划计划司、水资源管理司、财务司、人事司、水土保持司、农村水利司、直属机关党委、综合事业局等司局领导与会。中共玉树州委书记吴德军，州长才让太，州委常委、州委秘书长张晓军，州委副秘书长尕玛才仁、州政府秘书长万玛才仁、州水利局局长才多杰与会。

2017 年

4 月 21 日　玉树州与水利部水资源中心联合举办"三江源水生态文明建设高层研讨会"。州长才让太率治多县、曲麻莱县、州水利局、可可西里国家级自然保护区等单位负责人与会，王浩院士、孙鸿烈院士及水利、生态、自然地理等领域专家十余人与会。

7 月　"青海可可西里"列入《世界自然遗产名录》，为我国第 12 项世界自然遗产。

11 月　总投资 3.4 亿元的玉树州重点水源工程——国庆水库开工建设。

2018 年

3 月　世界水日、中国水周，举行"加强河湖保护管理、全面推行河湖制"主题宣传活动。

是月　玉树州三江源水资源电子沙盘完成制作。

是月　通天河防洪治理工程开工。

5 月　"三江源水文化研究及山川祭祀可行性论证"提交评审。来自中国社会科学院当代中国研究所、中国社会科学院近代史研究所、中国水利水电科学研究院等单位专家认可可行性论证结论，指出玉树地处三江源核心区特殊的自然环境下，举行三江源国家公祭仪式有利于三江源保护，为传统文化赋予新的时代内涵，是弘扬生态文明的文化表达。

7 月　举办玉树州赛马节，同时举行第二届水文化节。

11 月　玉树州河湖长制工作培训班开班，青海省河长办公室高级工程师丁金水授课。

2019 年

5 月　扎西科河流域河湖水系连通生态综合治理项目启动。

7 月　举行玉树赛马节及三江源水文化节。首次举行长江、黄河、澜沧江三源源头与入海口（出境口）水样汇水仪式。召开了三江源水文化研讨会。

是月　玉树州水利订单班学生毕业。

是月　囊谦县晓龙沟水库工程正式开工。

8 月　国务院副总理胡春华调研玉树州安全饮水及防汛抗旱工作，水利部叶建春副部长及青海省委常委、副省长严金海陪同。

9 月　杂多县萨呼腾水源工程开工。

11 月　水利部水利建设项目稽查组专项稽查通天河防洪治理工程。

是月　玉树州水利局完成脱贫攻坚饮水安全自查自验。

2020 年

3月　召开玉树州农村牧区水利工作会议。

是月　举行世界水日、中国水周活动，本次活动主题是节约用水、节水优先。

4月　玉树州河湖长制工作现场会在通天河老通天河大桥召开。州委书记、州总河湖长吴德军出席并作重要讲话。

5月　水利部副部长魏山忠赴玉树调研水利脱贫攻坚工作。青海省水利厅厅长张世丰，玉树州委书记吴德军、州长才让太、副州长何勃、副州长樊润元等领导同志陪同。

8—9月　玉树州水利局会同州自然资源局联合开展为期10天的"全州涉水生态环境环境突出问题再排查再整治"执法专项行动。

大地之脉

区域自然环境

玉树州地处青海省西南部、青藏高原的腹地。全州总面积 26.7 万平方公里，占青海省总面积的 37.02%。

玉树地域辽阔，州境北负昆仑山，南依唐古拉山，雪峰并列如阵，分布着第四纪山岳冰川和世界上中低维度地带的冻土区。这一地带孕育了中国两大江河长江、黄河，以及东南亚地区最长河流澜沧江（见玉树州地理位置及行政区图）。

玉树州地理位置及行政区图

玉树州中部、西部和北部的广大地区多呈山原状，起伏不大，以低山丘陵、宽谷、湖盆和滩地为主，区域植被良好，少有荒山秃岭。玉树州腹地以草原和中低丘陵地貌为主，辽阔无垠的草原和连绵起伏的丘陵是优质天然牧场，适宜发展畜牧业。

在长江、黄河、澜沧江及其支流的河谷冲积地带，形成局部气候带，这些地区夏秋气候暖和，年降雨量500~600毫米，为农业提供了良好的自然环境，是高原农业的分布区。

玉树州林地总面积855.17万亩，灌林面积447.19万亩，森林覆盖率为3.9%，主要有云杉树、冷杉树、柏树、桦树、松树等10余种。在玉树州高山丛林及草原中，栖息着各种珍禽异兽，主要有白唇鹿、马鹿、麝、藏野驴、野牛、藏羚羊、黄羊、岩羊、盘羊、雪豹、棕熊、猞猁、黑颈鹤、藏马鸡、雪鸡、天鹅等。

中国最大的自然保护区——三江源自然保护区大部分在玉树州境内。保护区内有完整地保留原始生态环境的可可西里自然保护区，有黑颈鹤的故乡——隆宝滩国家级自然保护区，以及藏羚羊迁徙的廊道，具有极高的科学考察、科学研究和观赏价值。

地貌 三江源区位居青藏高原的中心地带，境内昆仑山、唐古拉山两大山脉南北对峙，巴颜喀拉山与可可西里山东西呼应。在群山拱卫之中的玉树高原区，地势呈东南低、西北高。海拔最低是通天河与金沙江的汇合口，海拔3335米；最高峰布喀达坂峰海拔6860米，大部分地区海拔在4000~5000米之间。玉树州跨有4个地貌区（长江源高原区、唐古拉山高山区、巴颜喀拉山原区和昆仑积石高山区）。境内高山区冰缘地貌发育，约占总面积的70%，冻融作用强烈。从东南到西北，按高山峡谷—高原山地—低山宽谷—丘状山原四级依次排列，形成山高、沟深、滩大、谷宽型地貌。中部、西部和北部的广大地区多呈山原状，起伏不大，以低山丘陵、宽谷、湖盆和滩地为主。玉树州腹地以草原和中低丘陵地貌为主，是理想的天然牧场。东南为高原山地和高山峡谷地貌，为横断山脉北端向高原转折段，长江、黄河、澜沧江及其干支流自西北向东南并列穿行，岭谷相间，切割强烈，形成高山深谷。在山涧峡谷地带，小气候区域明显，是州内主要的农业区（见三江源地貌图）。

土壤和植被 三江源区属于高原地带性土壤，成土因素受地形、海拔高度、气候和冰川的影响，具有成土层薄、层次分化不明显等特征。源区主要有高山寒漠土、高山草甸土、高山草原土、山地草甸土、灰褐土、栗钙土、草甸土和沼泽土等8种土壤类型分布（见三江源地貌图）。

三江源区植被有明显的空间分异特征，即从东向西大致分为森林、灌丛草甸、草甸、草原荒漠四个带。植被跨寒温性针叶林带、低温灌丛草甸带和高寒草甸带3个植被带，其海拔高度与土壤分布基本一致。位于通天河底部的高山草原属于非地带性植被，植被分布受地形、气候和土壤的影响显著，在区系上总的属于泛北极区的北温带亚区，小区上主要属唐古特区和藏东区。占有中国植被分区的2个

（a）昆仑山及山麓下草场（格尔木境内，海拔4800米，2021年6月）
三江源地貌图（一）

（b）各拉丹冬雪峰下的沱沱河（2021年6月）

（c）黄河源（海拔4600米）草甸和高原湖泊（2019年10月）

三江源地貌图（二）

(d) 澜沧江源区（海拔 3800 米）高山林区（2017 年 6 月）
三江源地貌图（三）

三级区和 3 个四级区，有许多青藏高原特有成分和经济植物。植物分布的主要特点是：垂直地带谱明显，水平地带谱次之，与整个高原的分布规律相反；在冷暖空气通道上的植被类型出现倒置，如草原在河谷出现，草甸比疏林灌丛低等；植被的原始性强，次生群落较少。

20 世纪 80 年代以来，随着全球性气候变暖，三江源区出现了冰川退缩，土壤沙化，植被蜕化，地表蓄水能力下降、水土流失加剧，源头水资源储量减少等问题。20 世纪末至本世纪初，三江源区开始退耕还林、还草，尤其是最近 10 年加强了生态环境保护，三江源土壤和植被蜕化趋势得到遏制，并逐渐向好。

气候、水文特点　玉树州地处中纬度的内陆高原，具有明显的高寒气候特点，全年无四季之分，只有冷暖两季之别，冷季长达 7～8 个月，暖季只有 4～5 个月。玉树地区年平均气温 −5.6～−3.9℃。由于全境地势悬殊，气温和降水由东南向北递减，梯度差显著。年均气温大部分地区 14℃ 以上，高差在 19.8～23.9℃ 之间。年日照时数平均在 2500 小时以上。阳光年辐射总量达 623.5～674.7 千焦每平方厘米。境内全年大风天数 41.5~124.3 天，大部分地区在 65 天以上，平均风速 1.1~5.1 米每秒，最大风速可达 28 米每秒。高寒缺氧是玉树州的基本气象特征，空气中的含氧量只有海平面的 1/2~2/3，日照长波紫外线则比海拔 0 米地区高 10 倍。长江、澜沧江河谷地区无霜期在 50~100 天之间，其余大部分地区不足 50 天，孜曲河渡口、清水河等地仅 10 天左右。

玉树州位于亚热带的边缘，受印度洋西南季风和太平洋东南季风的影响，水汽充足，多年平均年降水量 246.3~658.5 毫米，年蒸发量 1698.1~1155.4 毫米。积雪期 207~343 天，积雪厚度 1~24 厘米，平原区水资源主要通过高山融雪补给。

政 区 及 沿 革

玉树州辖州治结古镇，以及玉树市、囊谦县、称多县、杂多县、治多县和曲麻莱县6县（市）的11镇、34乡、4个街道，258个村和49个社区（玉树2013年撤县设市）。地处玉树州西界的唐古拉山镇自1964年9月始由海西蒙古族藏族自治州代管。2021年末，玉树州总人口为42.55万人，其中藏族人口占总人口的98%（数据来源：2021年玉树州统计年鉴），人口密度2人每平方公里。人口密度最高的玉树市为8.95人每平方公里，是全国30个少数民族自治州中主体民族比例最高、海拔最高、人均占有面积最大、生态位置极为重要的地区。

玉树曾是氐羌部族领地，魏晋南北朝时为象雄及吐谷浑所据，其后为苏毗和多弥二国的辖区。唐宋为吐蕃的属地，境内并存诸多小邦国。元朝为吐蕃路宣慰司管辖。明朝囊谦王室贵族僧侣屡次敕封"功德自在宣抚国师"。明末清初玉树州为北元蒙古人统治200多年，至清代重归中华民族大家庭。雍正元年（1723年）年羹尧讨伐罗卜藏丹津，玉树二十五部落划归青海，由青海办事大臣直接管辖，为囊谦千户领地。1911年以后，民国政府时期设玉树行政督察专员公署，下属玉树、囊谦、称多3县（市），县之下因袭千百户制度。1949年10月成立青海省军政委员会驻玉树特派员办公处，次年12月25日设玉树藏族自治区，以结古为首府。1955年6月29日，玉树藏族自治区更名为玉树藏族自治州。1949—1953年，相继设玉树市、囊谦县、称多县、杂多县、治多县和曲麻莱县6县（市）。历史上结古为康巴地区三大重镇之一，即达泽朵（今四川康定市）、恰朵（今西藏昌都市）和嘎结古朵（玉树市结古镇）3镇。藏语"朵"为"中心"或"重镇"。

区　域　经　济

玉树州经济以畜牧业为主。全州草场面积为30422万亩，可利用草场面积17481.75万亩，占草场总面积的57.46%。其中冬春草场面积7585.42万亩，夏秋草场面积9896.33万亩，分别占可利用草场面积的43.39%和56.61%。草场类型多样，高寒草甸草场、高寒沼泽草场、山地灌木草场、高寒草原草场、山地疏林草场皆有分布。牧草种类繁多，有65科，384属，1440余种。畜种主要有藏系绵羊、牦牛、玉树马、山羊、驴、骡等，是青海省主要的畜产品基地。

在长江、澜沧江及其支流河谷冲积地带分布小块农业区。全区有耕地26万亩，主要农作物有青稞、莞根、豌豆及少量小麦、油菜、洋芋等。同时，还生产蕨麻、蘑菇等营养价值较高的野生植物和菌类。

玉树州有丰富的矿藏。初步探明的矿藏资源主要有金、银、铜、铁、铝、煤、云母、硫黄、石膏、水晶等40余种。囊谦县有较大的食盐蕴藏量，盐销往西藏、四川等地。

玉树州是我国名贵药材资源丰富的地区，有各类中藏药资源913种，蕴藏量5万吨左右，著名的有冬虫夏草、藏茵陈、鹿茸、麝香、知母、贝母、大黄、雪莲、黄芪等。

国 家 公 园

  三江源国家公园位于玉树州治多县、曲麻莱县、玛多县、杂多县和可可西里自然保护区境内，平均海拔3500~4800米，三江源国家公园包括长江源、黄河源和澜沧江源3个园区，总面积为12.31万平方公里，占三江源面积的31.16%，介于东经89°50′57″~99°14′57″、北纬32°22′36″~36°47′53″之间，占三江源面积的31.16%（见三江源国家公园区位图）。其中冰川雪山833.4平方公里、河湖和湿

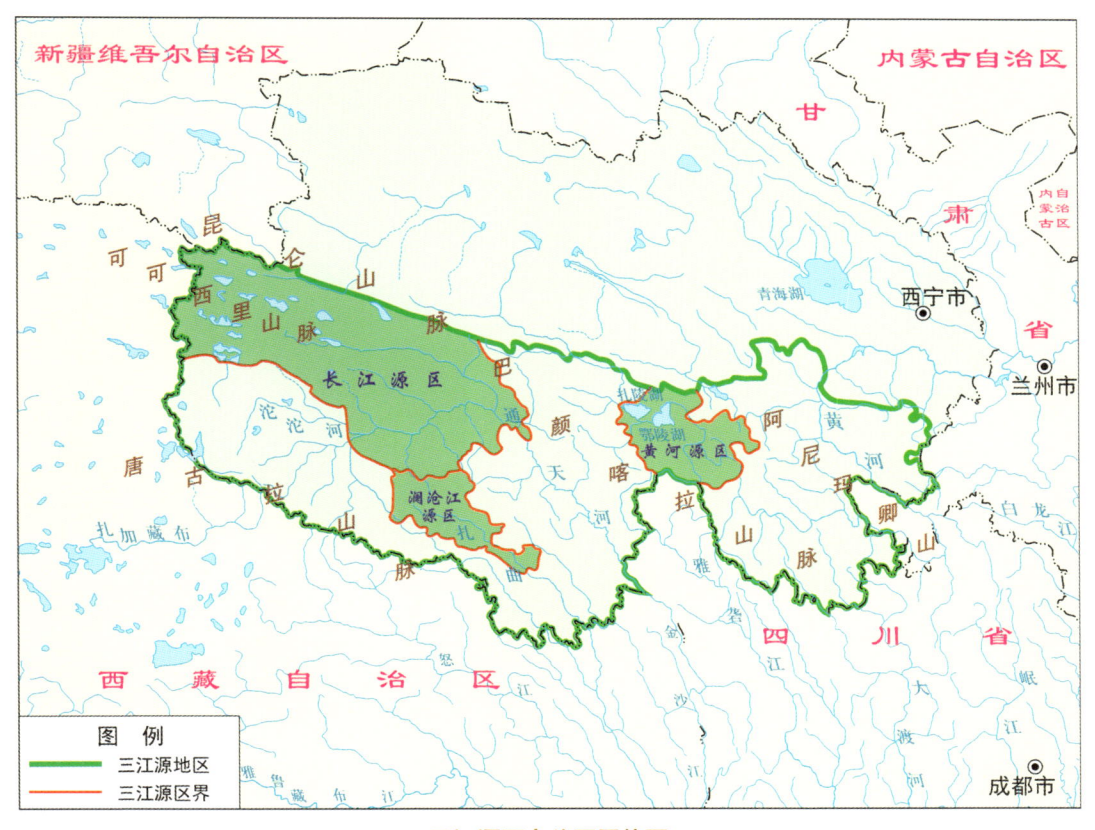

三江源国家公园区位图

地29842.8平方公里、草地86832.2平方公里、林地495.2平方公里。

三江源国家公园涉及治多县、曲麻莱县、玛多县、杂多县和可可西里自然保护区管辖区域，12个乡（镇）、53个村，包括三江源国家级自然保护区的扎陵湖至鄂陵湖、星星海、索加至曲麻河、果宗木查和昂赛5个保护分区和可可西里国家级自然保护区，其中核心区4.17万平方公里；缓冲区4.53万平方公里，实验区2.96万平方公里，为增强联通性和完整性，将0.66万平方公里非保护区一并纳入。同时，三江源国家公园范围内有扎陵湖、鄂陵湖2处国际重要湿地，均位于自然保护区的核心区；有列入《中国湿地保护行动计划》的国家重要湿地7处；有扎陵湖至鄂陵湖和楚玛尔河2处国家级水产种质资源保护区；有黄河源水利风景区1处。青海可可西里世界自然遗产地整体划入三江源国家公园长江源园区。

天之蓝 + 水之清

涉水保护区

玉树州6县（市）有省级及以上的自然保护区3个、湿地4个、水产种质资源保护区3个、湿地公园1个，有国家水利风景区2个、省级水利风景区1个、勒巴沟景区1个；无省级以上风景名胜区及地质公园、森林公园。

自然保护区

自然保护区位于生态敏感区范围，每一处保护区有各自特定的保护重点。三江源区自然保护区和重要湿地保护区基本情况（见玉树州自然保护区和湿地情况表）。

玉树州自然保护区和湿地情况表

类型	生态敏感区	级别	主要保护对象	行政管辖区范围
自然保护区	青海三江源国家级自然保护区	国家级	珍稀动物及湿地、森林、高寒草甸	玉树州
	青海隆宝湖国家级自然保护区	国家级	黑颈鹤、天鹅等水禽及草甸生态系统	玉树市
	青海可可西里国家级自然保护区	国家级	藏羚羊、藏野驴、野牦牛及生态系统	治多县
湿地	隆宝湖自然保护区湿地	国家级	黑颈鹤、天鹅等水禽	玉树市
	依然措湿地	国家级	沼泽、湖泊	杂多县
	多尔改措湿地	国家级	水禽鸟类	治多县
	扎陵湖湿地	国家级	高原鱼类和鸟类	曲麻莱县

三江源石碑

三江源国家级自然保护区 2000年8月19日，经国务院批准设立三江源自然保护区。2003年1月24日，国务院批准三江源省级自然保护区晋升为"国家级自然保护区"。保护区面积约14.83万平方公里，其中核心区、缓冲区、实验区面积分别为31412平方公里、38239平方公里、78601平方公里，分别占自然保护区总面积的21.19%、25.79%、53.02%。主要保护对象：高原湿地生态系统，典型的高寒草甸与高山草原植被，国家与青海省重点保护珍稀、濒危和有经济价值的野生动植物物种及栖息地。

玉树州境内的自然保护区面积为19.79万亩。三江源国家级自然保护区共有18个保护分区。玉树州涉及其中10个，涵盖3种保护分区主体功能。玉树州涉及的湿地生态系统保护分区有：当曲、果宗木查、约古宗列、扎陵湖至鄂陵湖保护分区；野生动物保护分区有索加至曲麻河、白扎、江西保护分区；森林与灌丛植被保护分区有通天河沿岸、东仲、昂赛保护分区。

可可西里自然保护区 可可西里自然保护区位于玉树州境内（见可可西里山及河流图），横跨青海、新疆、西藏三省（自治区）之间的一块高山台地。保护区西与西藏相接，南与格尔木唐古拉镇毗邻，北与新疆维吾尔自治区相连，东至青藏公路，总面积4.5万平方公里。

可可西里国家级自然保护区主要水系有羌塘高原内流湖区和长江北源楚玛尔河水系。保护区内湖泊众多，据统计面积大于1平方公里的湖泊有107个，总面积3825平方公里，湖泊面积在200平方公里以上的有6个，1平方公里以下的湖泊有7000多个，有"千湖之地"的美称。可可西里湖泊大部分为咸水湖或半咸水湖，矿化度较高。区内现代冰川广布，冰川总面积2000平方公里。可可西里地区矿产资源丰富，生活着各种高原珍稀野生动物。

可可西里山及河流图

隆宝湖国家级自然保护区 隆宝湖自然保护区成立于1984年，1986年晋升为国家级自然保护区（见隆宝湖自然保护区图）。隆宝湖位于玉树州玉树市隆宝镇境内，保护对象为黑颈鹤。总面积100平方公里，其中核心区面积75.73平方公里，缓冲区16平方公里，实验区8.27平方公里。保护区内植被以高原薹草沼泽和沼泽草甸为主。共有高等植物30多种，其中水生植物有10多种，以轮藻、杉叶藻等为主；其余大部分为湿生草本植物，以嵩草、圆囊薹草、矮金莲花、水麦冬、长花野青茅、驴蹄草等为优势种群。此外还有冬虫夏草等菌类16种。保护区内共有脊椎动物37种，以鸟类为主，有12目20科30种，其中留鸟9种、夏候鸟17种、冬候鸟1种、旅鸟2种，有1种居留型尚未确定，以斑头雁、黑颈鹤、角百灵、长嘴百灵为优势种群。兽类资源种类较少，仅有4目5科7种。其中国家

涉水保护区

隆宝湖自然保护区图（2017年4月）

通天河夏日寺段大拐弯

通天河

通天河

一级重点保护野生动物有6种，包括黑颈鹤、黑鹳、胡兀鹫、白尾海雕、玉带海雕和雪豹；国家二级保护野生动物有10种，包括大天鹅、高山兀鹫、短耳鸮、纵纹腹小鸮、斑头雁、藏雪鸡、秃鹫、猎隼、藏原羚和黄羊。此外区内还有昆虫类20种。

水产种质资源保护区　玉树州河湖珍稀水生生物种类较多，有国家级水产种质资源保护区3处（长江流域2处，黄河流域1处），其中"楚玛尔河特有鱼类国家级水产种质资源保护区"全部位于玉树州境内，其他2处部分区域位于玉树州境内（见玉树州国家级水产种质资源保护区名录表）。

玉树州国家级水产种质资源保护区名录表

流域	保护区名称（批准年份）	总面积	核心区	实验区	特别保护期	主要保护对象
黄河	扎陵湖至鄂陵湖花斑裸鲤极边扁咽齿鱼国家级水产种质资源保护区（2008年）	1142	1136	6	5月1日—8月31日	花斑裸鲤、极边扁咽齿鱼，其他保护物种包括骨唇黄河鱼、黄河裸裂尻鱼、厚唇裸重唇鱼、拟鲶高原鳅、硬刺高原鳅和背斑高原鳅
长江	沱沱河特有鱼类国家级水产种质资源保护区（2011年）	40.30	29	11.30	5月1日—9月30日	长江源区沱沱河特有鱼类长丝裂腹鱼、裸腹叶须鱼、前腹裸裂尻鱼、软刺裸裂尻鱼
长江	楚玛尔河特有鱼类国家级水产种质资源保护区（2011年）	26.488	13.98	12.508	5月1日—9月30日	长丝裂腹鱼和裸腹叶须鱼

水 利 风 景 区

三江源区河流湖泊众多，澜沧江囊谦段、长江通天河以其特有的自然景观优势和多方面的水利功能列入国家水利风景区。水利风景区的主要保护对象是水源地自然环境、河源区景观，以及三江源特有的水文化遗产。

囊谦县澜沧江国家水利风景区　囊谦县澜沧江国家水利风景区主要由香达景区、达那河谷景区、尕尔寺峡谷景区三大景区组成，含囊谦境内澜沧江源区所有河湖水系，总面积380平方公里，其中水域面积80平方公里，占总面积的21%。2013年，囊谦县水务局组织编制的《青海省囊谦澜沧江水利风景区总体规划》通过专家评审，同年囊谦澜沧江水利风景区被水利部评为国家水利风景区。

玉树州通天河国家水利风景区　玉树州通天河国家水利风景区地处三江源国家自然保护区，依托通天河干流及其聂恰曲、扎西科河、巴塘河、勒巴沟、年吉措、赛永错等主要支流而建，属于自然河湖型水利风景区。2016年被水利部评为国家水利风景区，是玉树州第二个国家水利风景区。景区建设涉及玉树、称多、治多、曲麻莱1市3县，景区总面积1561.5平方公里，其中水域面积109.9平方公里。2016年4月5日，玉树州通天河国家水利风景区范围得以批复，景区范围东至拉布民俗村，南至通天河下游相古村，西至贡萨寺，北至聂恰河大桥北扩2公里。景区范围内水文景观包含河流、湖泊、湿地等多种类型，河流涉及通天河干流和聂恰曲、益曲、扎西科河、巴塘河、勒巴沟、拉曲河等主要支流，湖泊和湿地涉及念经湖（年吉湖）、赛永错湖和隆宝湖湿地等。

通天河国家水利风景区主要河湖源如下：

（1）通天河干流。通天河景区内上起治多县通天河大桥，下至相古村，景区内河道全长约361公里，河道比较顺直，河槽逐渐稳定，水流比降增大，水势汹涌，两岸山势陡峭，谷底海拔由上游的4000多米下降到3000多米，属典型的峡谷河流，两岸风光壮美。

（2）聂恰曲。聂恰曲景区内上至贡萨寺附近，下至与通天河汇流处，景区内河道长约47公里。

（3）扎西科河。扎西科河位于结古镇西部，景区内西至红土山隧道，东至结古镇彩虹桥，河道长33.4公里。扎西科河为常年性河流，河水由基岩山区大气降水形成的地表径流及冰雪消融水汇集而成，由西向东，于结古镇汇入巴塘河。河流纵坡降0.5%～1.8%，多年平均流量为1～3立方米每秒。河床较宽，两岸山势延绵，景观视线开阔，在河谷内可观远处雪山。

（4）巴塘河。巴塘河景区内巴塘河南起玉树机场附近，北至结古镇，向东流至通天河，景区内河道全长45.9公里。

（5）勒巴沟。勒巴沟位于结古镇东南部，以海拔4431米的浪陇达为分界线，分东、西两段分别汇入通天河和巴塘河，长度约23公里。沟内由于独特的小气候条件，形成沟内河流潺潺、林木苍翠的景象，相传当年文成公主进藏之前在此停留半年之久，沟内布满嘛呢石，两岸崖壁上随处可见山嘛呢，清澈的河水中则散落着不计其数的水嘛呢，还有唐代摩崖石刻，反映当时文成公主在此停留的场景。

（6）年吉措。年吉措位于玉树市上拉秀乡日麻村境内，距结古镇60多公里。年吉措（又称念经湖、年吉措湖）属地质构造型高原湖泊，湖面海拔4565米，水面面积90多平方公里，最深处有30米左右。湖水矿化度较高，湖中盛产高原裸鲤鱼。每年逢春季节，斑头雁、鱼鸥、赤麻鸭、大天鹅、黑颈鹤等候鸟在此繁衍生息，成为鸟类理想的栖息地。

（7）赛永错。赛永错位于隆宝镇以西约40公里处，为自然湖泊，湖面面积6.3平方公里，水源补给主要来源于周围雪山融水，湖面呈圆形，像一颗蓝色的珍珠镶嵌在草原上，湖泊周边生态环境优良，景观秀美，湖四周草盛水美，夏季百花盛开，牛羊成群，帐篷林立，湖内盛产高原裸鲤鱼，各种鸟鸭成群。

2016年4月，玉树州政府成立了以州委常委、副州长尕桑为组长，州政府副秘书长多杰和州水利局局长才多杰为副组长，州发展和改革委员会副主任巴桑旦周、州国土资源局副局长姜惠林、州环境保护局副局长何钦、州林业局副局长曲周才仁、州财政局副局长任立新、州文体局副局长索南扎巴、州广电局副局长王秀梅、州旅游局副局长拉毛措、州水土保持工作站站长扎西端智为成员的玉树州水利风景区建设与管理领导小组。领导小组办公室设在玉树州水利局，才多杰兼任办公室主任，办公室所需人员从州水利局内部自行调配。办公室工作职责：负责景点的运行和管理，包括绿化、保洁、管护、维修、安全生产以及景区内的招商引资和建设开发工作。

杂多县澜沧江源省级水利风景区　　杂多县澜沧江源省级水利风景区保护对象为杂多县境内所有河源水利风景区，杂多是澜沧江的发源地，也是三江源水系众多支流的源头。

2016年8月10日，根据《水利风景区建设管理办法》成立杂多县澜沧江源水利风景区管委会。2017年杂多县澜沧江源水利风景区成为青海省省级水利风景区。

三江源各源区区位及水资源特性

长 江 源 区

长江源区干流位于治多县、曲麻莱县（东经89°50′~95°18′、北纬33°9′~36°47′），包括可可西里国家级自然保护区、三江源国家级自然保护区索加至曲麻河保护分区，园区总面积为9.03万平方公里，涉及治多县索加乡、扎河乡和曲麻莱县曲麻河乡、叶格乡，15个村。核心保育区面积7.55万平方公里，包括可可西里国家级自然保护区核心区、缓冲区以及三江源国家级自然保护区索加至曲麻河保护分区核心区和缓冲区；生态保育修复区0.15万平方公里，主要分布在索加至曲麻河保护分区的实验区；传统利用区面积1.33万平方公里，从通天河烟瘴挂大峡谷上溯至楚玛尔河流域、沱沱河流域和当曲流域，在索加至曲麻河保护分区的部分缓冲区和实验区（见楚玛尔河曲麻莱段图）。

黄 河 源 区

黄河源区位于果洛州玛多县、玉树州曲麻莱县境内（东经97°1′~99°14′，北纬33°55′~35°28′），包括三江源国家级自然保护区的扎陵湖至鄂陵湖和星星海2个保护分区，面积1.91万平方公里。涉及玛多县黄河乡、扎陵湖乡、玛查理镇，19个村，以及曲麻莱县1个村。核心保育区面积0.86万平方公里，包括三江源国家级自然保护区扎陵湖至鄂陵湖保护分区和星星海保护分区的核心区、缓冲区和部

楚玛尔河曲麻莱段图

分实验区，玛查理镇西南部热那曲流域和黄河乡东南部的热曲流域；生态保育修复区 0.24 万平方公里，包括扎陵湖至鄂陵湖保护分区和星星海保护分区的部分实验区；传统利用区面积 0.81 万平方公里，位于扎陵湖至鄂陵湖保护分区和星星海保护分区的部分实验区。扎陵湖和鄂陵湖是黄河上游最大的两个天然湖泊，与星星海等湖泊群构成黄河源"千湖"景观。

澜沧江源区

澜沧江源区位于杂多县境内（东经 93°38′～95°55′、北纬 32°22′～33°56′），包括青海三江源国家级自然保护区果宗木查、昂赛 2 个保护分区，面积 1.37 万平方

杂多县结多乡长江北源地貌（2021年7月）

杂多县结多乡长江北源地貌沼泽草甸
（2021年7月）

杂多县结多乡长江北源源头及地理标识
（2021年7月）

杂多县结多乡长江北源碑
（2021年7月）

杂多县结多乡长江北源地理标识
（2021年7月）

杂多县结多乡长江北源草甸及湖泊（2021年7月）

公里。涉及杂多县莫云乡、查旦乡、扎青乡、阿多乡和昂赛乡5个乡，19个村。核心保育区面积0.64万平方公里，包括果宗木查保护分区和昂赛保护分区核心区、缓冲区；生态保育修复区0.20万平方公里，包括果宗木查保护分区和昂赛保护分区部分实验区；传统利用区面积0.53万平方公里，包括果宗木查保护分区和昂赛保护分区部分实验区（见澜沧江杂多段图）。

澜沧江杂多段图

三江源区水文水资源

玉树州境内河流分为内流河和外流河（见三江源地区水系分布图）。内流河主要分布在西北一带，为向心水系，河流较短，流向内陆湖。外流河有长江、黄河和澜沧江三大水系，总流域面积为237960.7平方公里，占全州面积26.7万平方公里的88.7%。多年平均总流量1022.3立方米每秒，年总径流量324.17亿立方米。

长江、黄河和澜沧江三江在玉树境内的河段都有自己的名称。长江称即治曲，干流流经治多县的索加乡、治渠乡、加吉博洛镇、立新乡，玉树市的安冲乡、仲

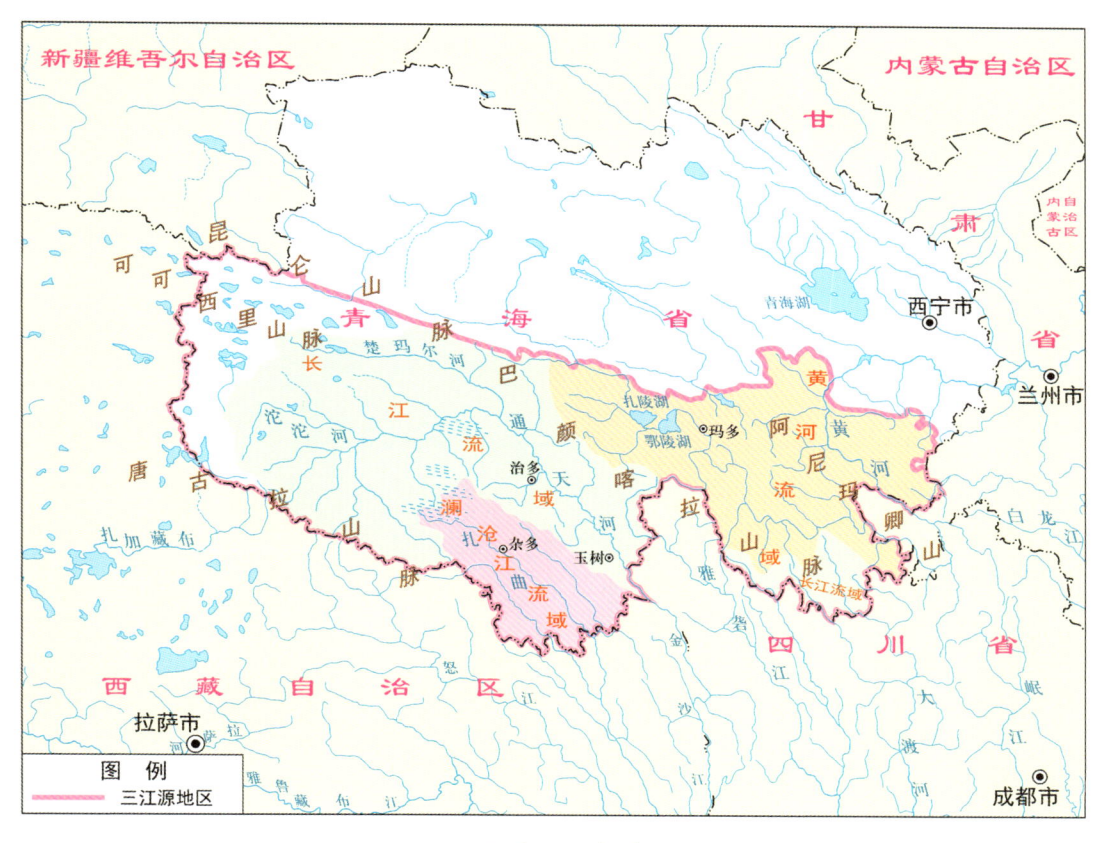

三江源地区水系分布图

达乡、结古镇，境内全长约 600 公里。玛曲即黄河，发源曲麻莱县麻多乡西南巴颜喀拉山脉的各姿各雅山东麓，境内长 200 公里。扎曲或杂曲，即澜沧江，发源于杂多县莫云乡加果空桑果玛沙日格青峰，流经杂多、囊谦两县及西藏自治区昌都等地，在玉树州境内全长 297 公里（见三江源区各主要河流水资源特征表、冰川水资源统计表、各流域降水量特征表、全国第三次水资源调查成果表、玉树州水资源量表）。

三江源区各主要河流水资源特征表

流量单位：立方米每秒；径流量单位：亿立方米

流域（水系）	河名	P=25% 流量	P=25% 径流量	P=50% 流量	P=50% 径流量	P=75% 流量	P=75% 径流量	多年平均 流量	多年平均 径流量	备注
长江	通天河	460.32	146.67	398.67	125.71	320.58	101.10	411.00	129.60	$C_v=0.32$
长江	雅砻江	22.52	7.13	20.27	6.38	17.60	5.62	20.47	6.54	$C_v=0.142$
黄河	黄河	31.48	9.96	26.38	8.27	19.60	6.18	27.61	8.71	$C_v=0.2$
澜沧江	澜沧江	368.08	116.48	333.68	105.15	292.40	92.14	344.00	108.40	$C_v=0.5$
内陆	可可西里	41.53	13.14	32.66	10.30	22.72	7.17	35.50	11.20	$C_v=0.52$
内陆	湖泊	230.12	72.82	173.51	55.02	120.72	38.27	188.62	59.81	$C_v=0.52$

三江源区冰川水资源统计表

流域（水系）	地段	冰川面积/平方公里	冰川储量/亿立方米
长江	直门达以上	1496.00	1054.06
澜沧江	杂多县以上	124.75	88.70
黄河	称多县扎曲河以上	179.45	127.60
内陆	可可西里	629.52	629.52

源区各主要河流特征值

流域（水系）	河名	州境内长度/公里	高程/米 源头	高程/米 出口	高差/米	比降/%	备注
长江	通天河	小计：3380					
		干流：1206					
		支流：2174	5480	3335	2145	0.18	
	雅砻江（扎曲）	小计：280					雅砻江与澜沧江在玉树均称扎曲，为藏语音译
		干流：196					
		支流：84	4810	4136	674	0.35	
黄河	黄河（玛曲）	小计：640					
		干流：150					
		支流：490	4736	4277	459	0.31	
澜沧江	澜沧江（扎曲）	小计：1782					
		干流：448					
		支流：1334	5060	3521	1539	0.35	
内陆	湖泊						
	可可西里						

三江源区各流域降水量特征表

单位：毫米

流域（水系）	河名	多年平均年降水量	P=25%	P=50%	P=75%	P=95%	备注
长江	通天河	522.60	585.30	517.40	459.90	376.30	C_v=0.18 C_s/C_v=2
	雅砻江	510.00	561.00	504.90	459.00	397.80	C_v=0.12
黄河	约古宗列曲	280.00	313.60	277.20	240.80	302.90	C_v=0.132
澜沧江	扎曲	548.60	619.90	537.60	466.30	373.00	C_v=0.212
内陆	湖泊	505.40	545.80	505.40	465.00	409.40	C_v=0.122
	可可西里	225.00		220.50	189.00	148.50	C_v=0.232

全国第三次水资源调查成果表（1956—2016 年）

行政区	县（市）级行政区	分区面积 / 平方公里	水资源总量 / 亿立方米
玉树藏族自治州	玉树市	15418	41.88
	杂多县	35544	74.70
	称多县	14617	22.17
	治多县	80657	51.34
	囊谦县	12060	42.69
	曲麻莱县	46628	20.24
	合计	204924	253.02

玉树州水资源量表（全国第三次水资源调查）

行政区	水资源三级区名称	分区面积 / 平方公里	水资源总量 / 亿立方米
玉树藏族自治州	河源至玛曲	12881	4.53
	通天河	107255	98.16
	直门达至石鼓	3902	12.76
	雅砻江	4429	8.90
	沘江口以上	37075	112.80
	柴达木盆地西部	13541	4.45
	羌塘高原区	25841	11.42
	合计	204924	253.02

长江源由沱沱河和南源当曲和北源楚玛尔河等源流组成，以冰川融水补给为主。沱沱河发源于唐古拉主峰各拉丹冬雪山群。沱沱河在治多县境内先后与南源当曲、北源楚玛尔河汇合，后始称通天河。东至玉树市接纳巴塘河，以下进入金沙江段。通天河多年平均流量 411 立方米每秒，年总径流量约 130 亿立方米。长江南源当曲，又称阿克达木河，意为"沼泽河"，发源杂多县唐古拉山脉北支霞舍日啊巴山，峰顶海拔 5395 米，相对高度约 400 米，至囊极巴陇与正源沱沱河汇合。布曲是当曲最大支流，又名拜渡河，意为"长河"。布曲发源唐古拉山山脉的门走甲日冰川。布曲水系发育，支流众多，天然落差 1184 米，河床平均比降 0.505%。玉树州境内通天河的一级支流有然池曲、莫曲、

牙哥曲、北麓河、科欠曲（口前曲）、色吾曲、聂恰曲、登额曲、德曲、解吾曲、细曲、益曲、巴塘河。

　　黄河源以约古宗列曲为黄河正源，发源于曲麻莱县巴颜喀拉山麓约古宗列山北脚下的泉水河。约古宗列曲藏语意为"炒青稞的锅"。星宿海区域分布众多大大小小湖泊沼泽（见星宿海地貌溪流草甸图），是水源区重要水源调节功能区。湖区四季景色各异，尤其夏季更为绚丽多彩。黄河源在玉树境内的河段称玛曲"孔雀河"。玛曲全长95公里，向东南流入扎陵湖。黄河河源海拔4675米，玉树州

星宿海地貌溪流草甸图（2020年8月）

境内干流长150公里，河床平均比降0.29%，高差432米，流域面积12436平方公里，占全州总面积的4.6%，河水以融冰雪补给为主，多年平均流量27.61立方米每秒，年总径流量8.71亿立方米。黄河河源区一级支流有扎曲、卡日曲、多曲等。

澜沧江是国际河流湄公河的上游。澜沧江正源在玉树的河段名扎曲，发源于唐古拉山脉北侧杂多县莫云乡查加日玛峰东南坡的扎纳日根山，海拔5060米，从源头向东偏南流经杂多和囊谦两个县，从东经96°50′、北纬31°56′进入西藏，出境海拔3521米，在玉树源区高差达到1520米。主要支流有孜曲、吉曲。扎曲在西藏昌都与吉曲汇合后，始称澜沧江。

可可西里盆地位于青藏高原中心，玉树州西北部，西与西藏自治区毗邻，北以昆仑山脉与柴达木盆地水系分水，南以唐古拉山为界，东以乌兰乌拉山与长江流域分流，中部有可可西里山和祖尔肯乌拉山，山岭走向纵横交错，形成很多内陆小盆地。地势高寒，海拔平均5000米以上，为自治州最寒冷地区。境内雪山冰川广布，冰川面积629.52平方公里，冰川储量629.52亿立方米，年融水量3.54亿立方米。盆地湖泊众多，是玉树州内高原湖泊最多的地区，湖水面积在0.5平方公里以上的湖泊有137个，湖水总面积3442.9平方公里。其中，淡水湖及微咸水湖62个，湖水面积764.2平方公里；咸水湖74个，面积2336.4平方公里；苦水湖1个，湖水面积342.3平方公里。注入这些湖泊的主要河流有50多条。可可西里盆地河流均短小，以降水及冰川融水补给为主，总流域面积4.52万平方公里，平均年降水量250毫米，年平均径流深55.9毫米，年总径流量25.3亿立方米。

玉树州西北分布众多湖泊洼地，不包括黄河流域水面积超过1平方公里的咸、淡水湖287个，湖区水面积3531.34平方公里，占玉树州总面积的1.3%。其中最大的乌兰乌拉湖，湖水面积537.2平方公里，占总湖水面积的15.2%，最小的鸭子湖水面积仅1平方公里。入湖水多年平均流量188.62立方米每秒，年径流深50毫米，年总径流量59.81亿立方米。

玉树州海拔5000米以上高寒地带分布着现代冰川。巨大的冰库，是江河径流补给的主要源泉。玉树州境内冰川面积约 2429.72 平方公里，占全州总面积的 0.9%；储水量为 1899.9 亿立方米。

生 态 环 境

玉树州自然资源相对比较丰富，环境质量较好，污染程度较低。生物丰度指数、植被覆盖指数和环境质量指数均高于青海省和全国平均水平，水网密度指数均低于青海省和全国平均水平，土地退化比较严重，土地退化指数高于青海省和全国平均水平（见玉树州各指数综合评价表）。

玉树州各指数综合评价表

行政区	生物丰度指数	植被覆盖指数	水网密度指数	土地退化指数	环境质量指数
玉树州	85.32	90.08	43.52	86.25	99.70
青海省	68.85	70.45	43.60	85.52	97.57
全国	73.62	68.45	70.98	70.71	59.92

玉树州河流水资源开发利用程度较低，河流基本保持天然状态没有遭到破坏，保持天然径流过程；水功能区水质及纵向连通性良好，不存在流量变异情况，河流重要湿地保留率、河流水生生物重要生境状况、河流生态基流及敏感生态需水满足程度均为优。

湿 地

玉树州湿地总面积 22938 平方公里，占玉树州总面积 26.7 万平方公里的 85.9%，占全省湿地总面积的 28.17%，位居青海省第二位。其中河流湿地 3829 平方公里，湖泊湿地 3550 平方公里，沼泽湿地 15559 平方公里，不涉及人工湿地[见玉树州各县（市）湿地面积情况表]。

玉树州各县（市）湿地面积情况表

单位：平方公里

行政区	总计	河流湿地	湖泊湿地	沼泽湿地
玉树市	559	103	48	408
囊谦县	274	134	0	140
称多县	2581	166	27	2388
治多县	10912	2040	3191	5681
杂多县	2048	393	11	1644
曲麻莱县	6564	993	273	5298
合计	22938	3829	3550	15559

玉树州湿地全部为自然湿地，以沼泽湿地为主，沼泽湿地＞河流湿地＞湖泊湿地。被列入重点保护的湿地面积1.77万平方公里，湿地保护率77.16%，高于全国和青海省的平均水平。

玉树州各县（市）湿地面积大小顺序：治多县＞曲麻莱县＞称多县＞杂多县＞玉树市＞囊谦县，分别占全州湿地面积的47.57%、28.62%、11.25%、8.93%、2.43%、1.20%。

三江源地文

长江之源

长江正源为沱沱河，发源于唐古拉山主峰各拉丹冬雪山西南侧的姜根迪如冰川，与南源当曲汇合后称通天河，继而与北源楚玛尔河相汇，东南流至玉树县接纳巴塘河后称金沙江，在四川省宜宾附近岷江汇入后始称长江（见长江源区图）。

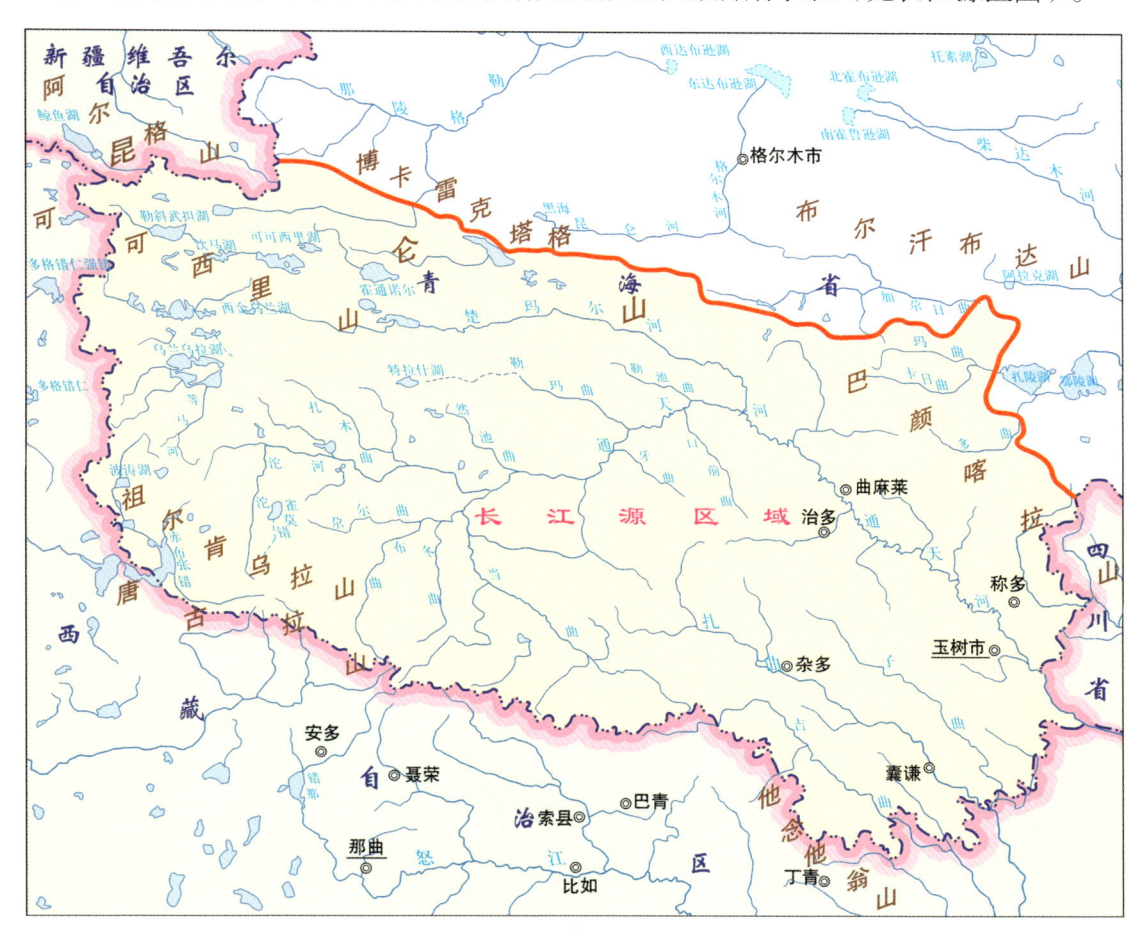

长江源区图

长江正源沱沱河

沱沱河在源区又称托托河、乌兰木伦河。乌兰木伦河是蒙语，意为"红河"，位于三江源区西部。沱沱河源流区东西两边各分布壮阔的雪山群，西边是尕恰迪如岗雪山群，东边是各拉丹冬雪山群（见沱沱河源头雪山群图）。

各拉丹冬雪山，海拔6621米，是唐古拉山脉的最高峰，其西南5.5公里处有一座海拔6543米雪峰，为长江源头分水岭，也是长江的起点，称"江源雪峰"。"江源雪峰"有5条规模较大的冰川呈放射状向外延伸，位于西边的两条冰川呈钳状绕过姜根迪如雪山（海拔6371米）的南北两侧（见各拉丹冬江源雪峰图）。

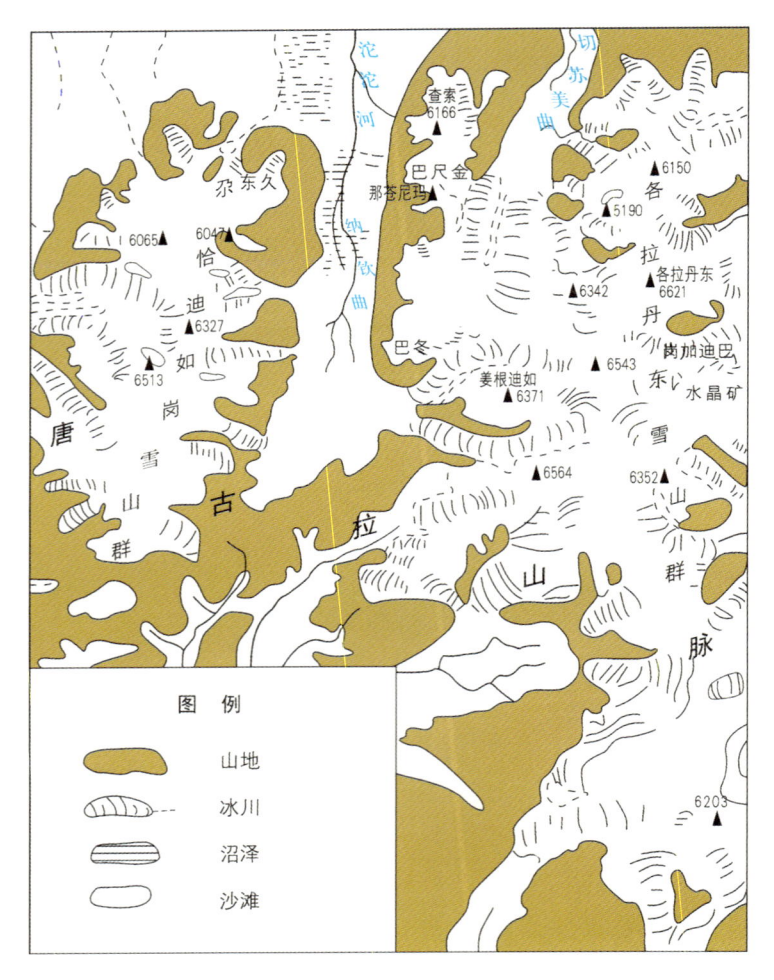

沱沱河源头雪山群图

南侧冰川长 12.8 公里，冰舌宽 1.7 公里；北侧冰川长 10.3 公里，冰舌宽 1.4 公里，这里就是长江的源头冰川。

长江源头冰川由"江源雪峰"起始，向西南 4.2 公里至雪线（海拔 5820 米），绕姜根迪如雪山南侧西行 8.6 公里至冰舌末端（海拔 5395 米），冰川全长 12.8 公里，是各拉丹冬雪山群中最长的冰川（见沱沱河源头冰川图）。

冰川融水沿着布满冰碛的河床向西北方向流去，经 3.8 公里至巴冬雪山西南与姜根迪如雪山北侧冰川融水汇合（汇合点海拔 5310 米），然后绕巴冬雪山转向北流 5.7 公里，左岸接纳源于尕恰迪如岗雪山群支流。东西两支汇合后称纳钦曲，下行 24 公里与右岸切苏美曲汇合后称沱沱河（见沱沱河源头图）。

沱沱河全长 350.2 公里，从巴冬雪山流出后，在治多县索加乡交界的囊极巴陇与长江南源当曲汇合后，称通天河。通天河自囊极巴陇算起，河长 828 公里，在当曲河口下游 200 多公里处，长江北源楚玛尔河汇入通天河。

各拉丹冬江源雪峰图

沱沱河源头冰川图（2021年6月6日）

沱沱河主要支流 沱沱河有一级支流97条，其中流域面积在1000平方公里以上的有3条，500~1000平方公里的有4条，300~500平方公里的有3条。二级以下支流众多，其中流域面积大于300平方公里的有3条。

（1）拉果。拉果是沱沱河左岸一级支流。"拉果"系藏语音译，意为"山中河谷"。拉果发源于尕恰迪如岗雪山群的主峰嘎尔岗日，海拔6513米，为多条冰川汇合点。其中走向东南的一条冰川，长7.8公里，雪线西高东低，雪线西边海拔5930米，东边海拔5680米，中间海拔5800米，冰舌宽1~1.3公里，下段长1.5公里内冰塔林立，千姿百态，冰舌末端接近海拔5440米。融水形成拉果主流，东流约2公里处河床海拔5377米，在此接纳南侧3条冰川融水的合流后，转向东北流，沿程又接纳北侧2条冰川融水，在巴冬雪山下汇入纳钦曲，河口海拔5234米。拉果全长19.3公里，下段冰川融水流长11.3公里，沙质河床，河宽约4米，水深约0.5米，多年平均流量约0.31立方米每秒，两岸均为高原草甸，草地达冰舌附近。流域面积92平方公里，其中冰川面积41平方公里。

（2）切苏美曲。切苏美曲是沱沱河右岸一级支流。切苏美曲源出各拉丹冬雪山群北部，有10条冰川提供水源，以各拉丹冬雪峰（海拔6621米）为源头。各

沱沱河源头图（2021 年 6 月）

冰川融水呈扇状分布，在宽约3公里、长约9公里的山谷中汇集归一，向东北流至夏夯吉（山）东麓出山谷，转向西北流10多公里汇入沱沱河，河口海拔5017米。切苏美曲全长36公里，其中冰川长10公里（雪线海拔5780米，冰舌末端海拔5360米），河宽6~7米，水深约0.3米，径流以冰川融水和天然降水补给为主，多年平均流量约0.73立方米每秒。流域面积243.5平方公里，其中冰川面积102平方公里。

（3）奔错曲。奔错曲是沱沱河左岸一级支流，地图上未注河名，因其上游穿过奔错（湖）暂且名之。奔错以上支流众多，呈扇状分布于宽广的滩地上，主流发源于尕恰迪如岗雪峰（海拔6065米），冰川粒雪盆朝北向，长2.4公里，雪线海拔5570米，冰舌长2.2公里，宽约0.8公里，冰舌末端海拔5280米，每年6—11月间有冰川融水向北略偏西流去，约15公里与左右两侧呈扇状分布的支流汇集，以下干流始有常流水，流向转北偏东，经2公里注入奔错，穿湖4.5公里由湖的东北角流出，继续向东北流，经17.2公里汇入沱沱河，河口海拔4935米。奔错曲全长43.3公里，其中冰川长4.6公里。河床多为沙质，下游河宽约17米，水深约0.4米。流域面积658平方公里，其中冰川面积15平方公里。径流补给以天然降水和冰川融水为主，多年平均流量约1.6立方米每秒。

（4）岗钦陇巴。岗钦陇巴是沱沱河左岸一级支流，源于祖尔肯乌拉山西段岗钦雪山群，以雪山群西端的一条冰川为源，源头雪峰海拔5929米，冰川走向正北，冰川长8.4公里（粒雪盆长1.6公里，雪线海拔5770米，冰舌长6.8公里，冰舌宽约1.5公里）。冰川融水沿岗钦雪山群北麓由北转向东偏南流去，河谷宽约1.5公里，沿程右岸接纳岗钦雪山群北部5条冰川融水，左岸接纳岗玛察等孤立小雪山的融水。干流在距源头28.4公里处出山谷转向东北流，经18公里后潜入沙滩，潜流6公里复出即汇入沱沱河，全长52.4公里，河口海拔4855米。上游多为石质河床，下游多为砾石河床，河宽3~8米，水深0.3~0.7米，河床平均比降2.05%。流域面积352平方公里，其中冰川面积59.5平方公里。径流以降水和冰雪融水补给为主，多年平均流量约0.7立方米每秒。

（5）江塔曲。江塔曲是沱沱河左岸一级支流，位于海西蒙古族藏族自治州格尔木市代管的唐古拉山镇西部。发源于祖尔肯乌拉山西段的波陇日山峰，海拔5729米，东北坡有冰雪覆盖，长2公里，宽0.2~0.4公里，面积约0.6平方公里。每年6—9月间有冰雪融水自南向北流，约经6公里以下始常年有流水，同时流向转为北偏东进入山谷中。在距源头35公里处渐转东北流，继而转向东偏北流，河谷展宽至2公里多。至葫芦湖南距源头70.8公里处，右岸接纳第二大支流江塔曲的原上段（旧以此为主流），汇合口以上主流称波陇曲，汇合口以下主流即江塔曲的下段。在距源头74.8公里处，左岸接纳最大支流半咸河，随后河谷束窄，河流蜿蜒曲折向东4.8公里后，折向南流1公里汇入沱沱河。江塔曲全长80.6公里，河口海拔4775米，落差954米，河床平均比降1.19%，沙质河床，河宽8~12米，水深约0.2米。流域面积1349平方公里，其中冰川面积5.6平方公里。流域内上游多山，下游平坦，有泉31眼，其中，扎木拉柔曲有两眼温泉，有支流16条。径流以天然降水补给为主，其次为冰雪融水，多年平均流量约2.14立方米每秒。

（6）斜日贡尼曲。斜日贡尼曲是沱沱河下游左岸一级支流，发源于乌兰乌拉山脉的望牲山，源头海拔5727米。上游56.5公里长的河道为间歇河，每年6—9月间始有水流，水流向南，左右转折4次至玛陇俄森（山丘）接纳左岸泉流后，河道方有常流水，并转向东流，经16公里转东南流，又经28.2公里后注入玛章错钦（淡水湖。湖水面积60.3平方公里，湖中有小岛，面积2.7平方公里，湖水面海拔4680米），河水穿湖7.7公里，自湖的东南角流出，继续东南流10公里汇入沱沱河，全长118.4公里。河口位于玛章贡玛（山）南约2公里处，海拔4666米，落差1061米。沙质河床，河床平均比降0.9%。中游河宽5~22米，水深0.2~0.5米，出湖后下游河宽约8米，水深约0.3米。流域面积1668平方公里，有24条一级支流，多为间歇河。径流补给以天然降水为主，多年平均流量约3.17立方米每秒。

（7）吾果曲。吾果曲是沱沱河下游右岸一级支流，源于祖尔肯乌拉山脉的吾果山，源头海拔5710米，山上岩石外露，山下海拔5200米处牧草丛生。源流在吾果山与"巴布日依龙格玛楼可"山之间的宽谷中向东北流去，出谷后进入宽阔的草地——楼苟塘，出楼苟塘至萨保（山）转向东流，至尺阿龙玛保（山）转向东北流，至江仓（山）转向北，漫流于平坦沙滩中约14公里后注入错阿日玛（淡水湖）。河水穿湖3.6公里在湖的东北角流出，蜿蜒向东流约13.5公里汇入沱沱河，河口在"些底玛尔托"沙丘以东，海拔4623米，河长77.8公里，上游河宽约12米，水深约0.5米，中下游河宽22米左右，水深0.5~0.8米，多为沙质河床，河床平均比降1.4%。流域面积953平方公里，有一级支流21条，径流以降水补给为主，多年平均流量约2.12立方米每秒。

（8）介普勒节曲。介普勒节曲是沱沱河最大的一级支流，位于沱沱河下游左岸，流经海西蒙古族藏族自治州格尔木市代管的唐古拉山镇和玉树藏族自治州治多县境，发源于唐古拉山镇与治多县交界处的乌兰乌拉山脉多索岗日（雪山），源头海拔5689米。上游河名岗齐曲，每年7—9月冰雪融水在治多县境北流约4公里折向东流，又9公里转向东南流，在距源头32.6公里处进入唐古拉山镇，距源头34.6公里以下始有常流水，以上为沙质河床，河宽约10米，水深约0.4米。在距源头66.8公里处纳左岸支流康特金石格曲，汇合口以下河名扎木曲，进入长7.2公里的峡谷，谷中河宽约25米，水深约0.6米，两岸山丘比高230米上下。出峡谷后流向转为南偏东，在距源头93公里处转向东流，并进入大面积平坦沙滩，距源头121公里处，左岸接纳最长的支流冬多曲，汇合口以下主流转向南流，河名始称介普勒节曲。在距源头128.8公里处，转向东流出平沙滩，摆动在宽约5000米的砂砾石河床上，在奔德鄂阿库扎以北，转向东南流，当距源头140公里处靠近沱沱河左岸仅约200米，随即转向东流约4公里汇入沱沱河，河口海拔4553米，落差1136米，河床平均比降0.79%，全长143.9公里。流域面积3900平方公里，其中雪山面积5.6平方公里。径流补给以降水为主，多年平均流量约8.90立方米每秒。有一级支流33条，其中28条为间歇河，较大的支流有冬多曲、康特金石格曲（间歇河）和旁仓尼亚曲。冬多曲河长152.8公里，上游53.8公里河段为干河沟，中游47.4公里河段为间歇河，每年仅7—10月间有水流，下游常年流水的河段长51.6公里，仅占全长的1/3。

（9）诺日苟曲。诺日苟曲是沱沱河左岸一级支流，流经海西蒙古族藏族自治州格尔木市代管的唐古拉山镇和玉树藏族自治州治多县境，源于罗日苟山，山顶海拔5046米，南流通过安志堆陇巴，在距源头14.2公里处穿过青藏公路，进入广阔的平坦沙滩，在距源头20公里处转向东流，经12公里注入咸水湖雅西错，穿湖南流汇入沱沱河。河口海拔4493米，与雅西错水面等高，出流不畅，且沙滩渗漏较大，河口落差553米。诺日苟曲全长54公里，沙质河床平均比降1.02%，河宽约3米，水深0.1~0.2米。流域面积570平方公里，有一级支流16条，包括直接注入雅西错的9条。径流以降水补给为主，多年平均流量约1.45立方米每秒。

沱沱河流域主要湖泊　　沱沱河流域内有湖泊2165个，湖水面积共300多平方公里。其中湖水面积大于10平方公里的湖泊有4个，0.5~10平方公里的湖泊有25个，多分布在中下游干流附近和较大湖泊的周围。

雀莫错是沱沱河的第一大湖（又称祖尔肯湖），湖水面积88.2平方公里，仅次于楚玛尔河上游的叶鲁苏湖。雀莫错南北长约12公里，东西宽7公里多，呈鸭蛋形，湖面海拔4923米。湖的西北部有一个名为"巴日苟啥布栽"的圆形岛，形状颇似"鸭蛋"的"蛋黄"，岛的西南角有一宽约50米、长约300米的地峡与湖西岸相连。岛的面积为4.7平方公里，岛上牧草生长良好，最高点海拔5032米，高出湖面109米。

雀莫错流域面积679平方公里，有12条小河由湖东和湖南注入湖中，其中5条是间歇河，每年6—10月间有流水，常年有流水的河7条：夏里陇巴、波尔藏陇巴、鄂尔托陇巴、夏里玛日角曲、戈壁滩曲、仁艾当陇、雀莫多桑曲。波尔藏陇巴最大，源于流域南边的沼泽地，长29.6公里，河宽约3米，水深约0.2米，河床出露较坚实的侏罗系地层。另外，在流域内还有25个小湖（见雀莫错附近地形图）。

雀莫错的西、北、东三面被祖尔肯乌拉山围绕，山岭一般高出湖面400~500

米，唯有湖东北方矗立着形似圆锥的雀莫山，山顶海拔5845米，高出湖面922米。雀莫错是构造湖，受新构造运动抬升作用，雀莫错有向北偏西方游移的现象。湖的东岸和南岸开阔平缓，有大片沙滩和局部小沙丘，湖的西南岸地势较平坦，仅以相对高度40~100米的草山丘岗与沱沱河相隔，河湖之间分布着小湖群，北岸和西岸湖滨狭窄，山岭靠近湖边，湖水深蓝，透明清澈，据江源考察队估计水深达数十米。湖东北靠近雀莫山，山下有一比较开阔而低矮的垭口，高出湖面150米，垭口东侧是沱沱河下游支流吾果曲的上源。据江源考察队分析：在地质时期，雀莫错水位较高，上承各拉丹冬雪山群冰雪融水补给的诸河的来水，下经东北垭口外流汇入沱沱河下游。由于祖尔肯乌拉山的抬升，阻隔了湖的出口，加之在距今1万年前开始的全新世以来气候变干，湖水位下降，湖面缩小，而变成内流咸水湖。

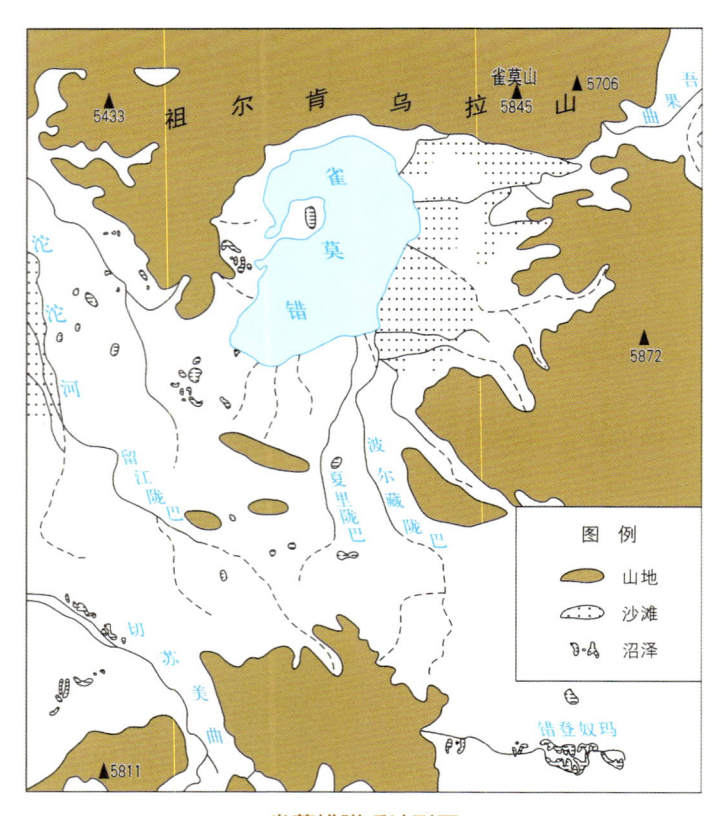

雀莫错附近地形图

长江南源当曲

当曲又称当拉曲，意为"沼泽河""唐古拉河"，发源于唐古拉山脉东段北支霞舍日啊巴山东北麓。当曲流域形状近似三角形，东南部多沼泽湿地，西南部多雪山冰川，水源充沛，水系发育，是长江源区水量最大的河流。当曲比沱沱河长 1.8 公里，因不如沱沱河与通天河流向顺直，而被定为长江南源。

当曲源头霞舍日啊巴山属唐古拉山脉东段北支，山顶海拔 5395 米，山形浑圆，无冰川和永久性积雪，基岩课露，向下渐为岩屑覆盖，岩屑坡下宽缓的夷平面上遍布草甸沼泽，海拔 5000～5100 米。

当曲源流段名称为"多朝能"，从海拔 5050 米处的松散覆盖层下析出，流量甚微，向东北蜿蜒流淌，渐具沟谷形态，两岸沼泽连绵，到处是高 20～30 厘米的草丘，草丘间小水潭遍布，彼此贯通，积水不断地补给"多朝能"，一路水量渐增。在距源头 8.1 公里处，纳右岸小支流日阿日能后转向西北流 5 公里，与东北方向支流扎西格君汇合后称旦曲，流向转西。旦曲西流距河源 21.2 公里，纳左岸支流笔阿能后始称当曲。

当曲全长 352 公里，河水流至囊极巴陇与长江正源沱沱河汇合，汇合处的分水高地名为"改巴希尕日通"，海拔 4470 米。

当曲主要支流 当曲共有一级支流 85 条，其中流域面积大于 1000 平方公里的有 6 条，500～1000 平方公里的有 3 条，300～500 平方公里的有 2 条。二级及二级以下的支流纵横密布，其中流域面积大于 300 平方公里的有 13 条。

（1）布曲。布曲是当曲的最大支流，又名拜渡河。"布曲"系藏语音译，意为"长江"或"长河"，因历史上布曲曾被认为是长江正源故有此名。布曲有东西两源：东源称茸玛曲，发源于唐古拉山脉的门走甲日雪山，源头海拔 5830 米，冰川融水出冰碛湖后，北流约 2 公里注入巴斯湖（巴斯错鄂贡玛），湖的出口宽仅 4～5 米，水流湍急清澈，河水出湖后沿青藏公路西北流，在 104 道班附近与西源汇合。西源名称日阿回区主曲，发源于各拉丹冬雪山群以东 15 公里的冬索山，峰顶海拔5683米，水流绕山向东流，距源头69.2公里处与东源水流汇合，汇合口海拔4872米，以下始称布曲。西源水流比东源水流长18公里。布曲仍沿青藏公路转向北流，穿过雁石坪背斜，形成长约30公里的峡谷河段，最狭处河谷宽150米左右，水面宽20~30米，水深3米多。在距西源135.1公里处设有雁石坪水文站。距西源195.6公里处最大支流尕尔曲汇入，干流转向东流，经38.9公里汇入当曲。布曲全长234.5公里，流域面积1.41万平方公里。河口海拔4499米，落差1184米，河床平均比降0.5‰。年平均径流量21亿立方米，多年平均流量约66立方米每秒。布曲径流补给除冰雪融水和天然降水外，还有温泉补给。唐古拉山北坡布曲河谷海拔5000米的山脚下及104道班附近有温泉数十眼，温泉出水量稳定，雁石坪水文站最小流量达1.34立方米每秒。布曲水系发育，支流众多，主要支流有那若曲、尕尔曲、加曲和冬曲。布曲河水矿化度低，越向上游矿化度越低，雁石坪一带河水矿化度为249.9毫克每升，温泉兵站处河水矿化度为196.8毫克每升，唐古拉山坡巴斯湖出口处河水矿化度106.6毫克每升。pH值7.9~8.8。总硬度上游为5.4德国度，下游为9.6德国度。

（2）尕尔曲。尕尔曲是当曲的二级支流，布曲的最大支流，又称得列楚卡河。"尕尔曲"又称"尕日曲"，均系同一藏语音译转写，意为"白色的河"。因其流向与通天河一致，历史上曾把尕尔曲及河口以东的布曲河段、布曲河口以东的当曲河段和当曲河口以东至楚玛尔河口的通天河上段都认作通天河干流，并统称"木鲁乌苏河"。"木鲁乌苏"系蒙古语音译，意为"长长的河"。直至1976年长江流域规划办公室江源考察队考察后，重新划分了江源区水系，始废去"木鲁乌苏河"的名称。

尕尔曲发源于各拉丹冬雪山群东部，源流来自约20条大小冰川。以岗加曲巴冰川最为宽广宏伟，上部分为多汊，其中北汊顶端即各拉丹冬雪峰，而最长的西汊顶端是"江源雪峰"，海拔6543米。岗加曲巴冰川长11公里，粒雪盆长2.4公里，雪线海拔5800米，冰舌长8.6公里、宽近2公里，冰塔林长7.4公里，瑰丽壮观，规模最大，冰舌末端海拔约5320米，融水形成卧美通冬曲。长江水利委员会按"河源惟远"的原则，以南支加夯曲为狼尔曲源流，源头分水岭为南边的一座无名雪峰，海拔 6338 米，冰川长 8.8 公里（粒雪盆长 3.6 公里，冰舌长 5.2 公里），走向东南，末端转向东。冰川融水形成加夯曲，在宽谷中向东北流约 15 公里进入尕尔曲强塘（草滩），河名改称姜梗曲，在距源头 68.8 公里处接纳北支尕尔曲。北支尕尔曲系传统所指的尕尔曲源流，源头在各拉丹冬雪峰，海拔 6621 米，冰川长 4.5 公里，冰川融水东北流约 5 公里出山后漫流在长约 10 公里的河漫滩上，在河漫滩的东北部接纳右岸的卧美通冬曲，转向东流入长约 10 公里、宽 200～300 米的峡谷中，两岸陡坎高 10 余米，水流湍急。出峡谷沿祖尔肯乌拉山麓流入开阔的尕尔曲强塘与姜梗曲汇合。尕尔曲全长 53.2 公里，较姜梗曲短 15.6 公里。汇合口以下河名始为尕尔曲。尕尔曲出草滩后转向东北流，接纳左岸支流扎根曲后转向东流，穿过石灰岩峡谷——公路西峡，至尕尔曲沿（地名，曾名通天河沿），再向东流至青藏公路桥以东约 0.5 公里处汇入布曲，全长 162 公里。汇合口处河滩宽达 800 米左右，河水漫流，海拔约 4561 米，落差 1777 米，干流平均比降 1.1%。流域面积 4123 平方公里。得列楚卡水文站实测多年平均流量 24.1 立方米每秒，平均年径流量 7.6 亿立方米。主要支流有北支尕尔曲、扎根曲等。尕尔曲河水矿化度为 355.5 毫克每升，pH 值 7.7，总硬度为 9.1 德国度。

当曲流域主要湖泊　当曲流域有湖泊 3606 个，湖水面积共约 270 平方公里。其中，湖水面积大于 10 平方公里的有 2 个，在 0.5～10 平方公里之间的有 39 个。

长江北源楚玛尔河

楚玛尔河又称玛莱河、曲麻河、曲麻曲等，意为"红水河"，发源于昆仑山脉南支可可西里东麓，可可西里湖东南约 18 公里的分水岭上（海拔 5301 米），昆仑山南坡冰雪融水为主要水源（见楚玛尔河图）。

楚玛尔河谷走向西南，距源头 14.8 公里始有流水。在接纳右岸的两条支流后，在距源头 160 公里处注入江源地区最大湖泊叶鲁苏湖。楚玛尔河在湖东侧出湖，曲折东流约 120 公里至楚玛尔河沿穿越青藏公路，继续曲折东流约 46 公里，在左岸先后纳牙扎卡色曲、宁格曲、牙扎曲，再东南流约 13 公里，桑池吉自左岸注入，又转东流 22 公里至曲麻莱，向南流约 25 公里在莱涌滩汇入通天河。楚玛尔河全长 526.8 公里，流域面积 2.08 万平方公里（见楚玛尔河源新生湖图）。

楚玛尔河水系不发育，一级支流 57 条。其中，流域面积大于 1000 平方公里的 3 条，流域面积在 300~1000 平方公里之间的 12 条，小于 300 平方公里的支流有 42 条。

楚玛尔河流域共有湖泊 2156 个，湖水面积共 210 多平方公里。其中湖水面积大于 10 平方公里的有 2 个，在 0.5~10 平方公里之间的有 39 个。流域内气候干燥，砂砾广布，湖泊多呈退缩趋势。

楚玛尔河图

楚玛尔河源新生湖图（2021年6月6日）

　　江源区最大的湖泊叶鲁苏湖（又称多尔改错或错仁德加），位于楚玛尔河上游，湖东西长约30公里，南北宽约5公里，最宽处达7公里，湖水面积145.9平方公里，湖面海拔4688米。湖北岸濒临相对高度为400～500米的巴音多格日旧山，岸陡而较平直，湖水较深，靠湖南岸水浅，岸上为低矮的岗丘，其间有大面积砂砾地，起伏不大，并有星星点点的小湖。从青藏高原近期气候趋于干旱、湖面普遍缩小的规律来看，叶鲁苏湖南岸正是过去的湖底，小湖即过去大叶鲁苏湖的残迹。楚玛尔河从湖的西南侧注入湖中，形成向湖中推进的三角洲。河水穿湖20公里，从湖的东侧流出，出口仅宽12米，流量小，常断流，加之湖面蒸发强烈，故叶鲁苏湖成为咸水湖。

通天河上段（囊极巴陇至楚玛尔河口）

通天河是长江上游之一段，原泛指长江在青海省境内的干流段，今特指沱沱河与当曲汇合处——囊极巴陇至巴塘河汇合口长828公里的长江干流段。因地处号称"世界屋脊"的青藏高原，地势高峻，传为"通天之河"，故得名"通天河"。藏语河名音译为"直曲"（又称"州曲"或"治曲"），意为"牦牛河"。古时认为源出于犁牛石下，云源头有山"高大，类乳牛"，或云沱沱河与当曲汇合处有青山形似巨牛，因而得名。通天河在江源区的河段，是指囊极巴陇至楚玛尔河口之间的通天河上段。其区间流域居江源区的东部（见通天河图）。

通天河图

通天河上段位于玉树藏族自治州境内，干流起于囊极巴陇，向东流进入治多县，至莫曲汇合口折向东北流，在北麓河汇合口附近成为治多、曲麻莱两县界河，至科欠曲汇合口以下改向东南流，在得列楚拉勃登（地名）与楚玛尔河汇合后成为汹涌澎湃的大河，至此流出江源区。楚玛尔河口处海拔4216米，通天河上段落差254米，河段长280公里，河床平均比降0.09‰，区间流域面积3.36万平方公里（见通天河玉树段图、通天河畔图、玉树结古镇巴塘河与通天河汇流处图）。

通天河主要支流 通天河上段水系发育，呈树枝状分布，南岸降水较丰，支流水量亦较大。两岸共有一级支流101条，其中流域面积大于1000平方公里的支流有6条：然池曲、莫曲、牙哥曲、北麓河、科欠曲和勒池曲，流域面积在300～1000平方公里之间的支流有冬布里曲、达哈曲、夏俄巴曲3条。

（1）然池曲。然池曲是通天河左岸一级支流，又名日阿尺曲，因发源地为日阿尺山而得名，又称曲玛牛，为藏语音译，意为"浑浊的红河"。然池曲位于治多县境中部，发源于日阿尺山西南的苟鲁日旧（地名）东7.5公里处，河源海拔5080米。上游名称鄂茸曲，为间歇河，每年7—10月间有水流，向南流过苟鲁塘折向东流，河名改称夏仓曲，距源头40多公里处纳左岸支流原然池曲上段（原以此为干流源流段），汇合口以下干流始称然池曲，并折向南流约23公里，至茶错（湖）东北3公里处折向东流，进入多尔美桑滩，流约8公里接纳左岸支流桑恰当陇曲后，水量大增，再东流约8公里出多尔美桑滩，转向东南流，进入沼泽区，至曼木太错东汇入通天河。然池曲全长111.6公里，流域面积2587平方公里。河口海拔4440米，落差640米，河床平均比降0.57%，河宽8～16米，沙质河床。

通天河玉树段图（2017年7月）

通天河畔图（2020 年 9 月）

流域内气候干燥，平均年径流量约 1.29 亿立方米，多年平均流量 4.1 立方米每秒。流域面积大于 300 平方公里的支流仅有桑恰当陇曲。

（2）莫曲。莫曲是通天河右岸一级支流。"莫曲"系藏语音译，意为"棕红色土地上出来的河流"。莫曲流经玉树藏族自治州杂多县和治多县，发源于杂多县西北隅的扎那日根，源头海拔 5550 米。上游 36 公里长的河段称错查龙曲，自源头向北蜿蜒 7 公里多，水流折向西北，流约 28 公里接纳右岸支流原莫曲上段（旧以此为莫曲源流），汇合口以下干流始称莫曲，折向西流，水流较稳定。在距源头 50 公里处纳右岸支流鄂涌曲后转向西北流，成为杂多、治多两县界河，在距源头 77 公里处纳左岸支流鄂涌曲后折向北流进入治多县境，流经 3 公里多水流散为多股，纳支流洛德玛昌茸曲后进入峡谷，峡内水面宽 30 余米，水深约 1.5 米，峡长约 8 公里。出峡后经索加乡人民政府驻地，纳支流奥格折色陇仁后，穿过长 7 公里的宽谷，谷内水面宽 67 米，中泓水深约 1 米，出谷后继续向北流经广袤的沙滩汇入通天河。莫曲全长 146 公里，流域面积 8654 平方公里，河口海拔 4391

玉树结古镇巴塘河与通天河汇流处图（2018年7月）

米，落差1159米，河床平均比降0.79%，多为沙质河床。河宽上游6~10米，下游45~58米。流域内水系发育，支流众多，上游呈扇状分布，流域面积大于300平方公里的支流有鄂涌曲、鄂曲、巴子曲和君曲。径流补给以降水为主，平均年降水量420毫米，平均年径流量约11.7亿立方米，多年平均流量37立方米每秒。

（3）牙哥曲。牙哥曲是通天河右岸一级支流（又称牙曲），系藏语音译，意为"美丽河"。牙哥曲位于治多县中部，发源于治多、杂多两县交界处的荣卡曲莫及山，源头海拔5517米。源流段名称牙包查依曲，自源头蜿蜒向西北流，在劫佛纳顿山下接纳左岸支流原区柔曲上段（旧以此为干流之源流段），汇合口以下干流改称区柔曲，继续向西北流至区柔贡底果山折向北流，穿过一段峡谷，在日阿玛查琼山下右岸支流牙哥曲汇入，以上河长约70公里。汇合口以下干流始称牙哥曲，并折向西北流，至君子日玛山附近折向西流汇入通天河。牙哥曲全长111.9公里，流域面积2985平方公里。河口海拔4362米，河床平均比降1.03%，河床宽阔，砂砾厚积，水流时伏时露，有大面积沼泽地，水质优良。最大支流为巴木曲，长 86 公里，流域面积 1032 平方公里；其次为牙包查依曲，长 55 公里；余皆甚小。径流以降水补给为主，平均年径流量约 3 亿立方米，多年平均流量约 9.47 立方米每秒。

（4）北麓河。北麓河是通天河左岸一级支流，又称勒玛曲，系藏语音译，意为"红铜色的河"。北麓河流经玉树藏族自治州治多县和曲麻莱县，发源于治多县西部特拉什湖（苟鲁山克错）东北的勒迟嘛久玛山西端，源头海拔 5081 米。源流沿日阿尺山北麓向东流 71.5 公里至青藏公路北麓河大桥（此处原设有北麓河水文站），河道海拔 4546 米，大桥下游 2 公里左右即进入曲麻莱县境，继续东流约

13 公里纳左岸支流扎秀尕尔曲,以上北麓河段长 87.8 公里,是间歇河,河名亦称日阿尺曲。汇合口以下干流转向东南流,距源头约 94 公里以下的干流始常年有水流,蜿蜒曲折流经宽阔的沙地戈壁滩汇入通天河。北麓河全长 205.5 公里,流域面积 7966 平方公里,河口海拔 4325 米,河床平均比降 0.37%,河宽 30~56 米,河床多为深厚的砂砾石,两岸平缓,广布沙漠戈壁。支流众多,呈羽状分布,白日曲汇合口以上的支流均为间歇河,流域面积大于 300 平方公里的支流有扎秀尕尔曲、白日曲、白日巴玛曲、白日窝玛曲等。径流补给以降水为主,平均年径流量约 3.98 亿立方米,多年平均流量约 12.6 立方米每秒。

通天河冬季

（5）科欠曲。科欠曲是通天河右岸一级支流，又称口前曲，藏语意为"大弯河"，位于玉树藏族自治州治多县，纵贯县境中部。发源于兴赛莫谷雪山，源头海拔5587米，源流从雪山两侧流出山谷后河宽均约8米，水深约0.3米，在口前涌（涌音chong，即草滩）汇合后，向西北流去，至吓根查松山下，逐渐转向东北流，河宽约12米，水深约0.5米，在距源头74.2公里处纳支流瓦卜曲后，又逐渐转向西北流，在距源头87.8公里处接纳支流崩曲后，河宽约26米，水深约0.6米，以下河水分为多股散流，至扎邦陇仁附近，水流合一，折向北流约18公里，此段河宽21～50米，水深1～1.3米，接近河口约1公里处，干流分为两股汇入通天河。科欠曲全长155.9公里，流域面积3552平方公里，河口海拔4275米，河床平均比降0.84%。河谷宽而平缓，砂砾石河床，两岸陡峭。支流众多，流域面积大于300平方公里的支流有瓦卜曲和崩曲。径流以冰雪融水和降水补给为主，平均年径流量约3.55亿立方米，多年平均流量11.3立方米每秒。

（6）勒池曲。勒池曲是通天河段左岸一级支流。位于玉树州曲麻莱县境内西部，由西北流向东南汇入通天河，右邻北麓河，左邻楚玛尔河。发源于曲麻莱县境内直达日旧山南麓，地理坐标为东经93°50′、北纬34°58′，源头高程4832米。源流向东南约10公里河段为季节河，每年5—10月有水流，以下为常年性河流，在宽约5公里的草滩上继续东南流15.2公里后，进入先锋贡玛峡谷，峡长26公里，至先锋窝玛山前出峡，于勒池涌草滩汇入通天河。河口位于勒池村东南约14公里处，地理坐标为东经94°31′、北纬34°44′，河口高程4267米。干流河道平均比降0.57%。流域面积1016平方公里，多年平均年降水量302.8毫米，径流主要靠降水补给。主河流全长88公里，沙质河床。多年平均年径流量0.46亿立方米，多年平均流量1.46立方米每秒。干支流构成羽状水系，两岸共有支流43条，均较小，且多为时令河。

通天河主要湖泊　通天河上段区间流域内有湖泊3110个，湖水面积共300平方公里。其中，湖水面积大于10平方公里的湖泊有苟鲁错、苟鲁山克错2个，水面0.5～10平方公里的湖泊有27个。

（1）苟鲁错。苟鲁错（又称苟仁错）位于青藏公路84道班以西20多公里处，

通天河玉树市隆宝镇

通天河治多县立新乡（仁索南忠朶）

三江源地文

楚玛尔河

是一个外流区内的内流咸水湖。湖面海拔4666米,湖水面积26.1平方公里,流域面积620.4平方公里,流域内另有小湖135个,西北角有一小湖,湖水面积1.3平方公里,余皆甚小。流域内总湖水面积约4平方公里。

1978年7月24日,长江流域规划办公室江源考察队在苟鲁错考察,发现湖周出露有第三系红色岩层。湖南岸有两级阶地,分别高出湖面5米和25米。低阶地布满粗砂和砾石,是古老湖底的残留物,高阶地上是黏土和砂砾,为基座阶地。湖北岸平直,有断层陡岩,南岸曲折而坡缓,这是一个构造湖。古苟鲁错比现今的湖面大2倍以上,湖水与然池曲相通,是外流淡水湖。湖以东远处有一宽坦的U形谷轮廓,即古苟鲁错通往然池曲的出口。湖周有一道道古湖堤,水边滩上有白色盐碱结晶,证明苟鲁错仍在继续退缩。

苟鲁错水色深蓝,味苦咸,含盐量达饱和状态,水中生物不能生存,富含钠、钾、硼、镁、锂等元素。南岸水浅,北岸水深莫测。考察队员曾乘橡皮船由南岸向北岸划出百余米至湖心,因湖流强劲,橡皮船数度被逆流旋开,未能到达北岸。

(2)苟鲁山克错。苟鲁山克错(又称特拉什湖)是高原内流咸水湖。西、北两边与楚玛尔河流域分水,南面是沱沱河流域,东南邻苟鲁错,东邻然池曲和北麓河上源。湖面海拔 4808 米，湖水面积 67.4 平方公里，偏于其流域的南部。流域面积 837.1 平方公里，流域内另有小湖 238 个，湖水面积不过 10 平方公里。西部和北部水系较发育，有间歇河 4 条，中下游小湖星罗棋布。

长江源区自然环境

长江源区北界昆仑山脉东段，南界唐古拉山脉的中段和东段，西有可可西里、乌兰乌拉山和祖尔肯乌拉山，地形成半封闭状态。江源区总面积 10.27 万平方公里，草原面积 6.81 万平方公里，冰川面积 1247 平方公里，沙滩面积 6840 万平方公里，高山及裸露岩石面积 2.45 万平方公里，水域面积 2000 平方公里。整个江源区位于青海省西南部，分属玉树州的曲麻莱县、治多县、杂多县和海西蒙古族藏族自治州格尔木市代管的唐古拉山镇。

地貌 长江源区处于青藏高原腹地，地势高峻，气候干寒，空气稀薄，具有高原特殊的自然地理环境。长江源区总的地貌属高原平原区，地势起伏平缓，由西向东倾斜，平均海拔近 5000 米（见长江源区地貌图）。

长江源区地貌图（通天河流域）

长江源区北界昆仑山脉西起安阿瓦日山南端雪山群,最高峰海拔5933.1米,逶迤东行,止于刚欠查鲁马雪山西段(海拔5702.9米),长约100公里,宽60~120公里,多为高山和极高山(见长江源区北界昆仑山图)。

长江源区南界唐古拉山脉西起尕恰迪如岗雪山群,东至当曲源头霞舍日啊巴山为止,山峰海拔大多在6000米左右,唐古拉山脉最高峰各拉丹冬雪峰(海拔6621米),也是长江源区的最高峰(见长江源区南界唐古拉山图)。

长江源区西面是以可可西里山脉为主体的山系,可可西里山是昆仑山脉南支,山脉东段的西侧是可可西里盆地,东侧是长江北源楚玛尔河发源地,南沿与唐古拉山脉交界,向东延伸接巴颜喀拉山。巴颜喀拉山位于江源区东北角,是昆仑山脉东延部分,也是楚玛尔河与黄河的分水岭。可可西里山脉及巴颜喀拉山脉等相对高度一般为500~600米,起伏较小,形似丘陵,因而有"远看是山,近看是川"的说法(见巴颜喀拉山南麓治多县境内长江源区图)。

长江源区北界昆仑山图(2021年6月6日)

长江源区南界唐古拉山图（2021年6月6日）

巴颜喀拉山南麓治多县境内长江源区图（2021年6月6日）

长江源区冰川均属大陆性山地冰川。冰川主要分布在昆仑山脉、唐古拉山北坡和祖尔肯乌拉山西段，冰川总面积1247平方公里，年消融量约9.89亿立方米，以当曲流域冰川覆盖面积最大，沱沱河流域次之，楚玛尔河流域最小。雪山冰川规模以唐古拉山脉的各拉丹冬、尕恰迪如岗及祖尔肯乌拉山的岗钦等3个雪山群为大，尤以各拉丹冬雪山群最为宏伟。

长江源区高原上分布着大面积多年冻土，据中国科学院兰州冰川冻土研究所

长江源区沼泽草甸图（2021年6月）

考察分析，唐古拉山脉以北冻土层厚度100～120米，昆仑山口附近厚达175米，河谷处较薄为8～88米。冻土表层温度为−2～−5℃，每年5月表层开始融化，8—9月间达到最大融化深度，融化深度一般为1～4米，9月下旬开始冻结，冻结下限至含水层顶板。冻土现象有冻胀裂缝、冻涨斑土、冰锥、冻胀丘，以及冻融滑塌、冻融崩塌、热融沉陷、热融湖塘、融冻泥流等冰缘地貌。

长江源区有沼泽面积约1.43万平方公里，占江源区总面积的13.9%（见长江源区沼泽草甸图）。沼泽大部分集中于江源区潮湿的东部和南部，其中沱沱河流域728平方公里，当曲流域7708平方公里，楚玛尔河流域12平方公里，通天河上段区间流域有5852平方公里。

温泉在各源流区均有出露，以唐古拉山北麓最多，最为集中的温泉群在布曲上段河谷地带。

长江源区山脉　江源区总的地貌属高平原区。地势起伏和缓，由西向东倾斜，平均海拔近5000米，地面海拔一般都在4500米以上。高平原上横列着海拔5000米以上的可可西里山（东段）、风火山、乌兰乌拉山（东段）祖尔肯乌拉山、冬布里山、巴颜倾山和西恰日升山等，相对高度一般为500～600米，貌似丘陵，因而有"远看是山，近看是川"的说法。河流下切不深，高原面貌保存得十分完整。自第四纪以来这里的地壳仍在上升中。

（1）昆仑山。长江源区北界矗立着东昆仑山（即昆仑山东段的通称）主脊——博卡雷克塔格山中支。在江源区的山段西起于阿那瓦日山南端雪山群，最高峰海拔5933.1米，逶迤东行经昆仑山口（海拔4771.79米）、可可赛根孟克雪山（海拔5333米）、东昆仑山主峰——玉珠峰雪山（海拔6178.6米）、阿青岗欠日旧雪山（海拔5642米），止于刚欠查鲁马雪山西段（海拔5702.9米）。这段昆仑山近东西走向，长约100公里，宽60～120公里，多为极高山和高山，现代冰川发育。山岭北坡长而陡峭，群峰挺拔，雄伟壮观，相对高度2000多米，山下即柴达木盆地；南坡较短而平缓，仅为相对高度数百米的山冈，其南面即地势高亢、起伏和缓、草滩辽阔的"世界屋脊"——青藏高原。东昆仑山寒冻风化强烈，主

昆仑山主峰——玉珠峰雪山图（2021年6月6日）

要是由前中生代地层组成的古老褶皱山脉。昆仑山口是青藏公路的要冲（见昆仑山主峰——玉珠峰雪山图）。

（2）唐古拉山。唐古拉山脉位于江源区的南部，"唐古拉"系藏语音译，意为"高原上的山脉"，又称当拉山或当拉岭，均含此意。唐古拉山脉也是青海省和西藏自治区的界山。其总体走向近东西向，山峰多为极高山和高山，主脉西高东低，宽150～200公里。在江源区的山段长约350公里，西起尕恰迪如岗雪山群，向东经各拉丹冬雪山群、拉沙日旧雪山（海拔6057米）、冬索（海拔5683米）、响保奔顿（海拔5412米）、响保达丛日（海拔5385米）、达仓玛（海拔5239.2米）、巴斯康根雪山（海拔6022米）、唐古拉山口（海拔5206米）、崩错日雪山（海拔5830米）、尺埃拉（海拔5666米）、登卡雪山（海拔5981米）、加查雪山（海拔5774米）、当勒希尕日雪山（海拔5724米）、岗拉雪山（海拔5810米）、布加雪山（海拔5841米）、索拉（海拔5722米）、索拉贡玛雪山（海拔5730米）、诺尔比查查拉（海拔5600.5米）、绕德敦宰雪山（海拔5572米），瓦尔公雪山（海拔5664米），松尕尔登（海拔5546米），绕德（海拔5422米），尺宰（海拔5403米），东至当曲源头霞舍日啊巴山为止。

唐古拉山脉处于青藏高原内部，山脉两侧高原平均海拔5000米左右。山峰海拔大多在6000米上下，比高1000多米，是高原内部最高大的山脉。各拉丹冬雪峰是唐古拉山脉的主峰，也是江源区的最高峰。唐古拉山脉主要是由侏罗系和白垩系组成的，海拔 5500 米以上的山峰多发育有现代冰川。唐古拉山口是青海省界和青藏公路的交通要冲。

冬曲与布曲之间、布曲干流与其支流尕尔曲之间的小唐古拉山均系唐古拉山的支脉。

（3）可可西里山。可可西里山属昆仑山系。"可可西里"系蒙古语音译，意为"青或绿色的山梁"。山脉近东西走向，西起于西藏自治区东北部，经可可西里盆地，与昆仑山脉相隔着勒斜武担湖、饮马湖、可可西里湖、卓乃湖等湖泊，主要由长蛇岭、小黑台、天台山（海拔 5647 米）、汉台山（海拔 5713 米）、北湖山（海拔 5227.7 米）、巴音多格日旧（西峰海拔 5369.6 米，东峰海拔 5156.6 米）、黑石山（海拔 5241.4 米）、高岭（海拔 5043.3 米）、长石头山（海拔 5119.7 米）等山峰组成，其东端至海丁诺尔正南，海拔降至 4600 米上下。在汉台山附近进入江源区，成为长江北源楚玛尔河与可可西里盆地水系的分水岭。在江源区内的山

野驴群

野牦牛冬天

段起伏较小，形似丘陵。

位于可可西里山主脉以南的乌兰乌拉山和冬布里山，为可可西里山脉的次一级山岭。

乌兰乌拉山起于乌兰乌拉湖南北两侧，向东延入江源区，止于苟鲁山克错一带。山峰海拔多在5000～5500米之间，山脊不连续，走向不明晰，主要是小起伏山岭，形似丘陵。

冬布里山位于日阿尺曲与勒玛曲之间，长约200公里，宽约50公里，山峰海拔多在4700～5300米之间，山脊断续延伸，东部的巴音赛若为最高峰，海拔5661米。

（4）祖尔肯乌拉山。祖尔肯乌拉山属唐古拉山系，西起可可西里盆地雪莲湖一带，走向东南，至岗钦雪山群进入江源区，走向转为自西向东，直至雀莫错东边一带为止。山脊不连续，东段被沱沱河切断。主峰在岗钦雪山群中（海拔6137米），雪山群中其他诸峰海拔约6000米。往东诸峰海拔5000多米，惟雀莫、吾果两峰接近海拔6000米。

（5）巴颜喀拉山。巴颜喀拉系蒙古语音译，意为"富饶青（黑）色的山"，位于楚玛尔河至通天河下段与黄河干流之间，是长江源和黄河源的分水岭。山脉总体走向北西西—南东东，仅其西北端与昆仑山脉相接处，位于江源区的东北角。这部分山峰海拔多在4700米上下，相对高度仅200多米，山峰多断续展布，无明显的脊线。主要是中生代地层构成的褶皱山脉（见巴颜喀拉山南麓长江源治多图）。

冰川　雪山冰川规模以唐古拉山脉的各拉丹冬、尕恰迪如岗及祖尔肯乌拉山的岗钦等3个雪山群为大，尤以各拉丹冬雪山群最为宏伟。

（1）各拉丹冬雪山群。各拉丹冬雪山群位于江源区西南隅，南北向跨越江源分水线，其地理坐标为东经90°59′~91°16′，北纬33°10′~33°37′，南北长约50公里，

巴颜喀拉山南麓长江源治多图（2017年）

东西宽约 20 公里，冰雪覆盖面积 662 平方公里。由于长期冰川作用，角峰、刃脊、冰斗等冰蚀地形十分发育。最高峰各拉丹冬位于雪山群的东北部，海拔 6621 米，也是唐古拉山脉的主峰，相对高度 1600 米，角峰直插蓝天，气势雄伟壮观。"各拉丹冬"为藏语音译，意为"矛尖神山"。雪山群中海拔超过 6000 米的雪峰还有 20 座。因地势高峻，山体切割程度不强烈。全年各月平均气温均为负值，夏季降水也以雪、雹、霰为主，冰面消融和蒸发弱，地形降水总量多，水热条件对发育冰川有利，成为唐古拉山脉最大的冰川作用中心，也是江源区最大的雪山群。

各拉丹冬现代冰川发育的特点是：①雪线海拔高。西坡雪线海拔 5820～5870 米，南坡为 5760～5770 米，东坡一般为 5740 米，北坡最低也达 5530～5630 米，这在青藏高原属雪线较高的。②雪线温度低。根据沱沱河沿气温资料，以垂直递减率每 100 米 0.6℃计算，北坡雪线海拔 550 米处的年平均气温为 -10.2℃。③阴阳坡冰川发育不对称。阴坡雪线比阳坡雪线低，但冰川规模相反。这种干旱气候下冰川发育的异常情况是山体切割程度不一造成的。冰舌末端海拔约 5400 米（见各拉丹冬雪峰图）。

各拉丹冬雪山群中第一长冰川是姜根迪如雪峰南侧冰川，正是沱沱河源头。冰川从海拔 6543 米高峰起，始向南下，渐弯向西，最后向西北延伸，冰舌末端海

各拉丹冬雪峰图

拔 5395 米，全长 12.8 公里。整个冰川面积 35 平方公里，积累区面积 22.35 平方公里，消融区面积 12.65 平方公里，冰川系数 1.8，冰舌长 7.9 公里、最宽处 1.7 公里。

第二长冰川是姜根迪如北侧冰川，亦从海拔 6543 米高峰起始，蜿蜒向西，然后弯向西南止于海拔 5400 米处，全长 10.3 公里，雪线海拔 5820 米，海拔在 5750～5800 米之间有宽达 1 公里许的深大的横裂隙区。冰川的积累区面积 18.38 平方公里，消融区面积 8.59 平方公里，冰川系数 2.1，冰舌长 6 公里、最宽处 1.4 公里，冰塔发育相对高度 10～13 米，冰塔林区长 1 公里多。

这两条冰川成鱼嘴钳状将姜根迪如雪峰钳于其间。其共同特点是：连座冰塔林发育，这是冰面差别消融的结果，从冰塔林基座上冰的融水泄流而下，形成一条条瀑布，两条冰川都有冰面湖和冰内河道，在融水的冲蚀和融蚀下形成冰融洞，有的冰融洞由于水流改道或下切而成为干冰洞。水流出冰洞后成为冰面河道，宽达 6～7 米，景色美丽而奇幻。冰川冰大多呈白色，蓝色冰甚少，气孔小，冰舌前端冰的密度较大而坚实，在冰川剪切面上常挟带着数量可观的泥和砾，冰川污化程度较重。

根据前碛垄发育，并有冰核前碛垄存在和冰舌下游段支冰川与主冰川脱离等情况来看，冰川近期继续处于小冰期后的周期性衰退之中。

（2）尕恰迪如岗雪山群。唐古拉山脉第二大雪山群，位于各拉丹冬雪山群西侧，仅隔纳钦曲古冰川槽谷。其山体显得浑厚。雪山群南北长约 27 公里，东西宽约 16 公里，地理坐标东经 90°47′12″～90°57′36″、北纬 33°20′18″～33°35′12″。冰雪覆盖面积为 205 平方公里。主峰位于雪山群的中部，名称嘎尔岗日，海拔 6513 米，是江源支流拉果河的源头。

最长的冰川在雪山群西侧，属可可西里盆地内流水系，长 10 公里。雪山群的东侧有拉果河源头冰川，位居第二，长 7.8 公里，源头雪峰海拔 6513 米，雪线海拔西边 5930 米、东边 5680 米、中间 5800 米，冰川末端海拔 5440 米，冰川面积 12.3 平方公里，积累区面积 6.15 平方公里，消融区面积 6.15 平方公里，冰川系数

1.0，冰舌下段冰塔林区长 1.5 公里。

（3）岗钦雪山群。岗钦雪山群位于祖尔肯乌拉山中段，主峰海拔 6137 米。西东向跨江源区分水岭，地理坐标东经 90°36′~90°48′、北纬 33°53′12″~33°59′24″，东西长约 20 公里，南北最大宽 10 公里，向东渐窄，东端宽约 3 公里，冰雪覆盖面积 93.8 平方公里。沱沱河流域有冰川面积 73.8 平方公里。其中：支流岗钦陇巴源头有冰川面积 59.5 平方公里，分布在雪山群北部，计 8 条冰川（山谷冰川 4 条，悬冰川 4 条）；支流拉日干木章巴源头有冰川面积 14.3 平方公里，分布在雪山群东南部，计冰川 6 条（山谷冰川 3 条，悬冰川 3 条）。另外，可可西里盆地内流区有冰川面积 20 平方公里，分布在雪山群西南部，计有冰川 6 条（山谷冰川 3 条，悬冰川 3 条）。

岗钦雪山群中共有冰川 20 条，西北部冰川较大，最长的一条冰川在岗钦陇巴源头，冰川长 9.5 公里，峰顶海拔 5937 米，雪线海拔 5770 米，冰舌长 8.3 公里，宽约 1.9 公里，冰舌上中下部均有裂隙，无冰塔。

冻土 青藏高原是世界中低纬度地带唯一发育大面积多年冻土的地区，属高山多年冻土。世界最大多年冻土区处于青藏高原的腹地，其范围北起昆仑山北坡西大滩，即青藏公路 61 道班以西 3 公里，距格尔木市约 145 公里处，海拔 4350 米，往南至唐古拉山南麓西藏自治区安多县以北 116 道班和 117 道班之间，海拔 4780 米。南北两处相距约 600 公里。唐古拉山南坡水文地质和地貌条件造就了高海拔冻土带地貌景观，南坡冻土海拔比北坡高 430 米。其东部从青藏公路以东，向西一直延展到藏北羌塘地区，连绵不断的多年厚层冻土，几乎包括了全部三江源区。唐古拉山脉以北，多年冻土层厚 100~120 米，昆仑山口附近厚达 175 米，即使河谷较薄处，厚度也在 8~88 米之间。

海拔高度对冻土特征的影响极为明显，三江源区冻土层平均海拔每升高 100 米，地温下降 0.8~0.9℃，冻土厚度增大 20 米左右，三江源区冻土层具有垂直地带性。

长江源区的冻土表层温度为 −2~−5℃，每年 5 月表层开始融化，8—9 月间达到最大融化深度，季节融化深度一般为1～4米。9月下旬又开始冻结，并与下面的永久冻土相衔接，到最冷的季节（11月至次年2月），继续向深层冻结，使冻土厚度增加，其下限一般终止在含水层顶板。冻土现象有冻胀裂缝、冻胀斑土、冰锥、冻胀丘，以及融冻滑塌、融冻崩塌、热融沉陷、热融湖塘、融冻泥流等冰缘地貌。长江源考察队在考察期间曾目睹融溶滑塌和泥流，还多次遇到"石环"，即冬季地表因冻胀凸起，表面的砾石顺势向四周滚动，排成圆环状。由于冻土的存在，使河流深蚀作用受到限制，造成冻土区河道宽浅断面，同时强烈的融冻风化和融冻泥流作用，使河谷两岸山形浑圆，谷地开阔，谷坡平缓，各期形成的阶地也往往遭到后期冰缘改造而不断发生改变。

温泉谷地　　长江源区河谷地带出露泉水众多，温泉在各源流区也均有出露，以唐古拉山脉北坡断陷谷地中为多，在唐古拉山口北坡宽阔的布曲河谷中尤为集中。布曲温泉断陷谷地位于温泉兵站以南，长30多公里，系一与主干断裂直交的地堑式张裂谷，走向呈北北东，北段宽10公里左右，南段宽约7公里，谷底地势南高北低。布曲两岸有叠置的冰水扇与洪积扇发育，谷地两侧为侏罗纪雁石坪群碎屑岩与灰岩组成的山地。谷地附近有近南北走向与北东走向的两组断层通过，沿着两组断裂的交会部位，出露多处温泉群，共有温泉50多眼，分布在东西两边海拔5000米的山脚下，其中又以103道班和104道班附近最为集中。103道班路西积雪的山冈下有15眼温泉，热水不断从中侏罗纪砂岩断裂构造中涌出地表，一昼夜涌出160吨热水，顺谷地汇入布曲。温度最高的泉水为72℃，距当地沸点仅差10℃。有些泉不见涌水，却翻着白色气泡，汩汩作响。104道班附近路西的山脚下的温泉群规模更大，有温泉30多眼，出露在中侏罗纪紫红色粉砂岩和石灰岩地层中，最高水温68℃，有一些泉的水温为40℃左右，水色透明有咸味，昼夜出水量400吨以上。

　　泉水含盐量981.2毫克每升，总硬度8.2德国度，pH值5.2～6.2，属酸性泉水。泉水中含铁高达228.6毫克每升，以溶性铁和胶态铁为主，含砷55.43毫克每升，含氟4.24毫克每升，还含有硼酸、硫化氢、游离二氧化碳及很高的硫酸钠等组分。

这两处温泉群都有泉华。泉华是泉水蒸发后水中所含矿物质沉积凝结而成的小丘岗，属岩溶地貌。泉华的形态有泉华台、泉华锥、泉华垄等。103 道班附近温泉群的泉华台规模较小，是棕红色和白色的。104 道班附近温泉群的泉华台规模较大，呈棕红色和黄色，有一处泉华台高达 20 多米。一般泉华锥上尖下圆，高 1 米，底部直径 2 米。还有 1 条棕黄色的泉华垄，头东尾西，头部高 2 米多、宽 3 米左右、长 170 多米。

104 道班以东的山麓地带，温泉也很多，单泉流量可达 60 升每秒，泉华锥面积共有数千平方米。

开心岭 90 道班处的温泉出露于基性火成岩及二叠系结晶灰岩接触带，水温仅 20.5℃，流量 0.3 立方米每秒，矿化度 1.02 克每升。

东部当曲流经的巴茸巴空峡断裂发育，峡谷两侧亦有泉水出露，形成多处泉华台，尤以峡口处的曲波波的涌泉最为壮观，比高 3~4 米的泉华台沿河伸展 100 多米，其上泉眼群集（有些业已衰退），最大的单泉流量 18 立方米每秒，水温 26℃，泉水涌高 30~40 厘米，最高时达 1 米左右。另外，在当曲干流一带的皂毛日阿通附近，有 1 座高 20 多米呈绛红色的泉华锥。

沼泽湿地　　长江源区有沼泽面积约 1.43 万平方公里，占三江源区面积的 13.9%。其中沱沱河流域 728 平方公里、当曲流域 7708 平方公里、楚玛尔河流域约 12 平方公里、通天河上段区间流域内有 5852 平方公里。沼泽大部集中于长江源区潮湿的东部和南部，而干旱的西部和北部分布甚少。从地势方面看，沼泽主要分布在河滨湖周一带的低洼地区，尤以河流中上游分布为多，当曲水系中上游和通天河上段以南各支流的中上游一带沼泽连片广布。

盆地　　长江源地区，外流水系溯源侵蚀极弱，地形起伏不大，盆地地貌特征不显著，呈宽谷盆地出现。一般宽度在 20 公里以上，最宽可达 100 公里，呈北西向展布。盆地四周缺乏山地环抱，盆地内有东西及南北向外流网格水系穿越。盆地主要由第三系组成，其上有大面积第四系覆盖。盆地形成奠基于早第三纪，受控于北西西向活动断裂。

长江源区气象水文

长江源区地处青藏高原腹地，地势高耸，太阳辐射强烈，空气稀薄，气压为海平面气压的58%左右，在沱沱河源头地区，空气含氧量为海平面的43%。由于受高空西风带控制，长江源区气候寒冷干燥，多风少雨，无明显的四季之分，只有干湿两季之别，干季即冷季，湿季即暖季，10月至次年4月为干季，5—9月为湿季。据沱沱河沿气象站（海拔4533米）资料，年均气温 –4.2℃。1月最冷，平均气温 –24.8℃。7月最热，平均气温7.5℃。年蒸发量在1170.8~1660.8毫米之间，相对湿度55%~60%（见长江源区干湿季自然景观图）。

（a）盛夏巴塘草场

长江源区干湿季自然景观图（一）

(b)春天玉树巴塘河

(c)春雪巴塘河(2016年4月)

长江源区干湿季自然景观图(二)

长江源区降水主要来自于印度洋孟加拉湾上空的西南暖湿气流，其次来自西方和东南方暖湿气流。受高海拔及高山阻隔的影响，源区降水主要以降雪为主，大体上由南向北，自东向西逐渐减少。位于东南的当曲源头地区，年降水量500毫米左右，西部的沱沱河源头和楚玛尔河源头仅为200毫米。5—9月降水量占全年降水量的85%~96.7%，7月降水量最大。

长江源区水资源补给除天然降水外，还有冰雪融水。地表水以河流、湖泊、沼泽和冰川形式存在；地下水以基岩裂隙水、松散碎屑岩孔隙水、冻结层水形式存在。河源干支流附近河谷地带有很多泉眼，以楚玛尔河下游北岸最多。

长江源区气候特征 长江源区气候具有寒冷、干燥、气压低、日照长、太阳辐射强烈及多风等特点。

（1）气温。长江源区气温低，四季如冬。据沱沱河沿气象站资料，沱沱河沿（海拔4533米）年平均气温 –4.2℃。1月最冷，平均气温 –24.8℃，极端最低气温 –33.8℃（1986年1月6日雪灾降温极端最低气温达 –45.2℃），最热的7月平均气温7.5℃。1960年1月雁石坪水文站曾出现 –40℃的低温，青藏公路以西地区的气温更要低3~5℃。每年9—10月到次年4—5月河水封冻，大地冻结，冻结期长达7个多月。即使夏季，夜间地表也常发生冻结现象。沱沱河源头每月平均气温均为负值。以沱沱河沿的气温为标准，按垂直递减率每100米0.6℃推算，海拔6000米处年平均气温约 –13℃。1978年7月19日20时，长江源考察队在源头冰舌下营地（海拔5400米）实测帐篷外的气温为14℃，7月27日测得帐篷内最高温度28℃，夜间却为 –5~ –7℃。长江源区除唐古拉山脉北麓属高原温带半湿润气候区外，其余大部分地区属高原温带、亚寒带或寒带的半干旱气候区，常年温度很低，是中国气候最寒冷的地区之一。

（2）降水量。长江源区降水量少，蒸发量大，气候干旱。长江源区的降水水汽主要来源于印度洋孟加拉湾上空的西南暖湿气流，其次来自西方和东南方。由于气流沿途受山脉屏障的阻隔及高程之差的影响，降水量在时间和空间上的分布悬殊，大体上由南向北、自东向西逐渐减少。位于东南部的当曲源头一带，年降水量 500 毫米左右，而西部的沱沱河源头和楚玛尔河源头仅为 200 毫米左右。降水量在年内分配上也很不均匀，各水文站月最大值均出现在高温期，沱沱河沿月最大降水量为 174 毫米，出现在 1972 年 7 月，日最大降水量 34.4 毫米，出现在 1963 年 7 月 17 日。降水量的 80% 集中在 6—8 月之间，主要是降雪，降雨时间较少，以 7 月降水量最大。在 5—9 月之间降水量占全年降水量的 85%～96.7%。沱沱河沿平均年降水日数 98.7 天，其中 57.9 天降雪。平均每年雷暴天数 58.2 天，冰雹天数 18.4 天，冰雹最多的年份达 30 天。雷暴和冰雹主要发生在每年的 6—9 月之间。蒸发量由南向北递增，年蒸发量一般在 1170.8～1660.8 毫米之间。江源区上空空气透明度良好，沱沱河沿年日照时数 2811 小时，占全年可照时数的 63%，五道梁、温泉和青藏公路以西日照时数也在 2600 小时以上。太阳辐射强烈，年总辐射量在 670 千焦每平方厘米以上。相对湿度年平均为 55%～60%，绝对湿度年均不到 3.5 百帕，气候异常干燥。

（3）风。长江源区冬季多风，以西风为主。长江源区处于西风带内，冷季半年受高空西风气流影响，盛行西风。每年 11 月到次年 3 月为风季。沱沱河沿年平均风速 3.9 米每秒，最大风速达 40 米每秒，相当于 12 级大风。6 级以上大风平均每年要刮 74.5 天，占全年刮风天数的 72%。1972 年 6 级以上大风达 134 天。青藏公路以西的风力比公路沿线大 3 级左右。暖季半年受副热带高压系统影响，多偏东风。每年 1—5 月多沙尘暴，多年平均沙尘暴日数有 15.5 天，以 3 月间最多，1966 年 3 月沱沱河沿附近刮沙尘暴 12 天之多。

（4）空气含氧量。青藏高原空气稀薄，是低含氧量、低气压区。长江源区海拔超过 4000 米的地区，气压在 570～580 百帕之间，为海平面气压的 58% 左右，沱沱河源头更低。空气含氧量为海平面的 43%。

长江源水文站 1958 年 6 月，设立楚玛尔河水文站；同年 9 月，设立沱沱河水文站。1959 年 9 月设立尕尔曲河得列楚卡水文站和布曲雁石坪水文站。上述水文站 60 多年的观测成果，基本反映了除当曲外的长江源区主要河流的水文变化规律。

以上 4 站均设在青藏公路沿线。沱沱河水文站距沱沱河口 60 公里，其间无大支流汇入；得列楚卡水文站断面设在公路桥下，距河口约 0.5 公里；雁石坪水文站断面位置距布曲河口 105 公里，其间无大支流汇入；楚玛尔河水文站距河口 215 公里，下段昆仑山南坡冰雪融水汇入较多。

楚玛尔河水文站居干流中段，控制集水面积约 0.94 万平方公里，约为全河流域面积之一半，河流下段接纳昆仑山南坡来水量较多，故楚玛尔河水文站测得的流量较小，如 1978 年 9 月 7 日楚玛尔河水文站施测流量为 14.9 立方米每秒，而 9 月 12 日考察队实测河口流量为 42.5 立方米每秒。

长江源区土壤与植被　长江源区土壤主要分为 4 个土类 9 个亚类。

（1）高山寒漠土。多处于海拔 4800～5600 米的高山岭脊和古冰碛平台，其面积约 1.67 万平方公里（2500 万亩），占长江源区总面积的 16.23%，分布区域以长江源区西北部为主。此土类位于土壤垂直带谱的最上部，地表遍布碎石，基岩裸露，土被不连续。细土部位生长一些多年生和中旱生的草本及垫状植物，间或有垫状点地梅、蚤缀、红景天、雪莲、高山毛茛、龙胆、紫菀、风毛菊等耐寒植物散生于岩屑坡和石缝中，覆盖度约 3%。成土年龄最短，母质为各类母岩的残积物或坡积物，牧业尚难利用。

（2）高山草甸土。高山草甸土分为原始高山草甸土、普通高山草甸土和碳酸盐高山草甸土 3 个亚类。高山草甸土处于高山寒漠土之下的高山地带的中部，在海拔 4300～5300 米之间，下接高山草原土。主要分布在青藏公路以东地区的高山缓坡、谷地、高阶地、平缓的山顶等处。东部垂直带较宽，向西渐窄并上移，以致尖灭。其面积约 3.33 万平方公里（5000 多万亩），占长江源区总面积的 32.42% 以上。高山草甸土成土母质主要是砂岩、页岩、灰岩等沉积岩的风化残积、坡积，冰水沉积和冲积物。植被类型主要为高寒草甸类，以嵩草、薹草为主，覆盖度 80% 左右，适宜于发展牧业。

（3）高山草原土。高山草原土分为高山草原土、高山草甸草原土、高山荒漠草原土 3 个亚类。分布甚广，以长江源区的北部和西部最多，主要分布在海拔 4300～4700 米之间，西部上限可达到海拔 5000 米，处于宽阔的河谷滩地、阶地及起伏不大的岗坡地。其面积约3.93万平方公里（5900万亩），占长江源区总面积的38.3%。成土母质多为冲积物、洪积物、湖积物，以及坡积和残积物等。地表多粉砂砾石，不能形成坚韧的草皮。优势植物为紫花针茅、克氏针茅、异针茅、扁穗冰草、冷蒿、羊茅等，覆盖度40%～60%，西北部的高山荒漠草原土仅生长稀疏的细叶薹草、针茅、沙蒿等，覆盖度小于10%。高山草原土类是长江源区主要牧草土壤。

（4）沼泽土。沼泽土多分布于河流上源地带或河流低阶地、山间盆地和冰碛台地，沼泽土分有泥炭沼泽土、草甸沼泽土等亚类，面积约1.40万平方公里，占长江源区总面积的13.63%。长江源区的沼泽土主要分布在东南部，当曲流域约占54%，通天河上段区间流域约占41%（主要在通天河南岸）。此类土是地形凹洼、雪山融水补给充足和永冻层对径流阻隔而形成的，地表有较多的水蚀坑，生长着喜湿性青藏嵩草、矮嵩草、小嵩草等沼泽草甸植物，生长茂盛，覆盖度很大，是优良天然牧场。

20世纪80年代以来，长江源区生态环境有恶化趋向。据中国科学院成都地理研究所1987年观测结果，沱沱河源头的姜根迪如冰川由同一个冰雪源地向海拔6543米雪峰下溢，呈马蹄形分成南北两支冰川，下伸到海拔5400米左右，冰舌被融蚀得支离破碎。尤其是姜根迪如南侧冰川融蚀最为强烈，与1969年拍摄的航片相比，发现17年中冰舌退缩近百米。气温升高影响下这一趋势仍在发展。长江源区有大面积沼泽失水而枯竭，草甸被揭开出露下部的沙石，成为荒漠，沱沱河、尕尔曲沿岸最为明显，仍在发展中。湖泊水面缩小，一些小湖甚至消失，各拉丹冬北坡山前一些湖泊沉积出露湖面，比高5～8米。沱沱河和尕尔曲的河谷平原地带，高寒荒漠化在扩大，不仅使沿河两岸3～10公里成为荒漠，而且扩大到丘陵低岗，形成了较为广阔的荒漠地带。

黄 河 之 源

黄河发源于巴颜喀拉山北麓约古宗列盆地，源头分水岭玛曲曲果日海拔4698米。玛曲曲果日意为"孔雀河源头山"，降水和冰雪融水为这一地区的主要水源。

约古宗列盆地东西长 40 公里、南北宽约 60 公里，西依雅拉达泽山，东依阿尼玛卿山（又称积石山），北靠布尔汗布达山脉，南以巴颜喀拉山与长江流域为界。在盆地西南隅，有众多泉水自地下涌出，汇集成溪，即为黄河源头，源流因穿过约古宗列盆地被称为约古宗列曲。约古宗列曲流经大片沼泽、草滩和水泊，在与卡日曲汇合后，形成黄河源区的河道——玛曲，当地人称"孔雀河"（见黄河源流域区图）。

三江源地文

❶ 源头：约古宗列曲
北纬：35°00′28″
东经：95°54′44″
河长：❶ ~ ❸ 326 公里

❷ 源头：那扎陇查河
北纬：34°29′37″
东经：96°20′23″
河长：❷ ~ ❸ 363 公里

❸ 玛曲与卡日曲交汇处

黄河源流域区图

黄 河 源 水 系

玛曲东流 16 公里后进入星宿海。星宿海是一个狭长盆地，东西长 30 多公里，南北宽 10 多公里。黄河水行进至此，因地势平缓，河面骤然展宽，流速变缓，形成大片沼泽和众多湖泊。黄河穿过星宿海，向东流 20 多公里，进入扎陵湖，出湖 4.4

黄河

公里后，右岸纳入河源区最大支流多曲，又向东流 17.8 公里后纳右岸支流勒那曲，随后进入鄂陵湖（见黄河源头图、星宿海图）。

扎陵湖和鄂陵湖是黄河源头两个最大的高原淡水湖泊，是由几组断裂控制而形成的构造湖，二湖之间由巴颜朗马山相隔。扎陵湖东西长 35 公里，南北宽 21.6 公里，面积 526 平方公里。鄂陵湖位于扎陵湖之东，距扎陵湖 15 公里，南北长约 32.3 公里，东西宽约 31.6 公里，湖面面积 610 平方公里。黄河从鄂陵湖东北流出，经 60 公里左右至黄河沿玛多黄河桥，以下出河源区（见扎陵湖图与鄂陵湖图）。

黄河源区主要河流　　黄河在河源区总长 285.5 公里，流域面积 2.09 万平方公里，黄河源段区有一级支流 54 条，其中流域面积在 1000 平方公里以上的有 3 条，500~1000 平方公里的有 4 条，300~500 平方公里的有 2 条。二级及二级以下的

黄河源头

支流众多，大都集中分布在干流右岸一级支流卡日曲、多曲和勒那曲水系。这3条一级支流的流域面积之和约占黄河源区总面积的一半。二级支流中流域面积在1000平方公里以上的有2条，500~1000平方公里的有1条，300~500平方公里的有2条。

（1）约宗曲。约宗曲是约古宗列曲右岸一级支流（见约古宗列曲下游图），位于曲麻莱县境内，发源于巴颜喀拉山脉卡日扎穷山中，源头分水岭海拔4724米，

109

源流段称"曲了陇巴",藏语意为"泉水沟"。由源头向东 1 公里见常流水,沿卡日扎穷山北麓东流 7.4 公里进入峡谷,谷口上游干流的左岸约 1 公里多即黄河源头玛曲曲果日。约宗曲在峡谷中东流 8 公里接纳右岸自南而来的原约宗曲源流(其长度仅约 6 公里)后转向北流,汇合口以下干流始称约宗曲,蜿蜒曲折于峡谷中北流 7.2 公里后,出峡谷进入约古宗列盆地。在盆地中由北转东北曲流约 13 公里接纳右岸支流"作毛鸭绒",又 2 公里汇入约古宗列曲,全长 38.6 公里,流域面

黄河源头图(曲麻莱乡,2020 年 10 月)
(嘛呢堆处是泉水出露的地方,从泉水出露到溪流形成不到 50 米)

星宿海图（2020年8月）

扎陵湖图

鄂陵湖图

约古宗列曲下游图

积242平方公里，河口海拔4463米，落差261米，河床平均比降0.68%，石质河床，河宽7~11米，水深约0.2米。径流补给主要为天然降水和地下水，流域内平均年降水量约280毫米，平均年径流深约28毫米，平均年径流量0.07亿立方米，多年平均流量约0.21立方米每秒。水系较发育，分布于约古宗列盆地东南部，有一级支流11条，其中最大支流作毛鸭绒长约24公里，流域面积124平方公里。

（2）阿棚鄂里曲。阿棚鄂里曲是玛曲左岸一级支流，位于曲麻莱县境内，发源于曲麻莱县与都兰县交界处的扎加邹（山），源头分水岭海拔4572米，南下约1公里即"扎加塘果"宽谷，附近有数眼泉水汇集，源流通过一小湖继续南流9.4公里至"阿棚鄂"山下，此处河床海拔4402米，河宽约4米，水深约0.3米。往下逐渐转向东南流，进入"扎家同哪"滩，流经约14公里右岸接纳源于"索哇日鄂"山的一条支流，汇合口海拔4354米，其下附近河宽约9米，水深约0.3米。过汇合口干流进入玛涌（滩），约4公里右岸接纳支流索哇日鄂曲，又东南流6.6公里至星宿海西边，在星宿海中继续向东南流约16公里汇入玛曲。河口海拔约4319米，河长51公里，曲流发育，河床平均比降0.50%，多为沙质河床，下游星宿海中的河床为泥质。流域面积960平方公里，多年平均年降水量260毫米，平均年径流深33.8毫米，平均年径流量0.32亿立方米，多年平均流量1.03立方米每秒。上游水系发育，全河共有一级支流17条，其中以索哇日鄂曲最大，其河长约50公里，流域面积约265平方公里。

（3）扎曲。扎曲是玛曲左岸一级支流，位于曲麻莱县境内。"扎曲"，藏语意为"山岩中流出的河"（见曲麻莱县麻多乡黄河源头图）。扎曲发源于曲麻莱县东北角与都兰县交界处的查安西里客布山，源头分水岭海拔4752米，向南1.6公里见常流水，在较为平坦的山间盆地南流18.3公里，转向西南进入峡谷。以上为沙质河床，河宽2~4米，水深约0.3米。以下16.5公里流长在峡谷内的河床，上段为砾石，下段为沙质，河宽约6米，水深约0.4米。扎曲出峡谷进入玛涌滩，继续西南流17.2公里转向东南，沿"盖寺由池"山西南麓流18.4公里汇入玛曲，这段河床多为沙质，河宽8~10米，水深0.2~0.6米。近河口7公里内有众多小湖泊集中分布于扎曲与玛曲之间。扎曲全长72公里,河口海拔约4310.5米,落差441.5米,河床平均比降0.61‰,流域面积822平方公里,平均年降水量270毫米,平均年径流深40.5毫米,平均年径流量0.33亿立方米,多年平均流量1.06立方米每秒。扎曲有一级支流12条,均较小。

(4)玛卡日埃曲。玛卡日埃曲是玛曲左岸一级支流,位于曲麻莱县东北隅,发源于曲麻莱、都兰两县交界处的查哈西里(山),源头分水岭海拔4696米。源流名"那加壤",由源头向南4.3公里见常流水,并在宽谷中转向西南流4.2公里后成为季节河,继续向西南12.6公里接纳左岸源于"龙然加阁"山的支流后复见常流水,又8.8公里接纳右岸支流琼走陇巴,汇合口以下干流始称玛卡日埃(曲),并进入峡谷流经12.6公里后转向西流,经4.8公里至玛卡日埃山下复转为西南流,经2.4公里出峡谷进入玛涌滩,又5.5公里转向东南流0.7公里汇入玛曲,全长55.9公里。河口位于卡日曲河口以上约0.6公里处,海拔约4304米,落差392米,河床平均比降0.7‰,砾石河床,中下游河宽2~4米,水深0.1~0.3米。流域面积515

曲麻莱县麻多乡黄河源头图(2018年7月)

平方公里，平均年降水量263毫米，平均年径流深42毫米，平均年径流量0.22亿立方米，多年平均流量0.68立方米每秒。水系不发育，一级支流仅有4条。

（5）卡日曲。卡日曲是玛曲右岸的一级支流，流经称多县和曲麻莱县。"卡日曲"意为"红铜色的河"，因河道经过第三纪红色地层，洪水期河水挟带大量泥沙呈棕红色而得名。卡日曲源流河名"热核扎啥贡玛"，长11公里，发源于巴颜喀拉山脉中的"毛喏西多陇"与"毛喏含贡么"两条山沟之间的一座山岭，源头海拔4862米，向西在称多县境内1公里处即见常流水，又3.1公里转向西南流，又4.1公里转向西北流，又3公里接纳左岸小支流（季节河）拉拉琼后河名易为拉哈涌。继续西北流5.7公里纳左岸支流那扎陇查河，又8.6公里纳左岸支流那扎仁，又9.8公里接纳右岸小支流扎根加陇后河名改称拉浪情曲，并转向北流，经12公里在尕日阿强卡（山）小峡谷中左岸接纳较大支流棒咯曲，进入曲麻莱县境，随即穿过巴颜喀拉山脉南支的尕日阿强咯峡谷。棒咯曲汇合口以下干流逐渐转向东北流，河名改称尕日阿强咯曲，经5.4公里纳右岸支流再根日花曲，又2.4公里纳左岸支流西宁曲，又11.2公里纳右岸支流扎根曲，又6.4公里接纳左岸支流——卡日曲西支，原以卡日曲西支为卡日曲源流，汇合口海拔4458米，距源头72.7公里。以上流域面积1050平方公里，平均年降水量约330毫米，平均年径流深49.5毫米，平均年径流量0.52亿立方米，多年平均流量1.65立方米每秒。汇合口以下干流始称卡日曲，流向转向东南，流经14.4公里接纳左岸支流仲洼陇巴，在依从玛立山处转向东流，经14.5公里纳右岸支流莫柔曲，汇合口卡莫松多以下转向东北流，经4公里进入长约5公里的横穿巴颜喀拉山脉北支的"卡日尕日阿强卡"峡谷，出峡谷进入广袤的草滩，干流右侧是卡日唐纳滩，左侧是卡日纳勤滩。卡日曲在草滩上继续东北流，经9公里处河床海拔4348米，又10.1公里至和勤达果山西山嘴下，接纳右岸一条支流，其流域面积275平方公里，几乎包括整个卡日唐纳滩。汇合口以下干流转向北偏西流，经5.3公里纳左岸一条支流，流域面积215平方公里，卡日纳勤滩60%左右的面积在其流域内。又1.1公里在和勤相鄂山下陡折向东，顺着和勤相鄂山北麓，沿玛涌滩南边东流9.1公里，在和勤相鄂山东北角前汇入玛曲。卡日曲下游长72.5公里，全长145.2公里。河口海拔约4303米，落差559米，河床平均比降0.38‰，除卡日纳勤滩中有10余公里河段为沙质河床外，其余均为石质河床。上游河宽5~19米，水深0.1~0.8米，下游河宽35~53米，水深0.7~1.1米。流域面积3157平方公里，多年平均年降水量350毫米，平均年径流深56毫米，平均年径流量1.77亿立方米，多年平均流量5.61立方米每秒。卡日曲水系发育，呈树枝状分布，干支流两侧多湖泊，一级支流共有44条，其中较大的有棒咯曲、卡日曲的西支莫柔曲等。

（6）多曲。多曲位于玛曲右岸，系河源区最大的一级支流，流经称多、玛多两县，发源于称多县境西北隅巴颜喀拉山南麓的呀西当陇沟头，分水岭海拔4942米，源流名多曲，季节河，每年4—10月有水流。自源头向北2.4公里出山谷进入多涌滩。多涌平坦，水草丰茂，河流两旁多小湖。多曲入多涌转东北流7.6公里，折向东南，以下干流蜿蜒曲折，经6.4公里纳右岸支流"日窝亚西"后始为常流水。汇合口以下河名为洛曲。洛曲在草滩上继续向东南蜿蜒流去，经15.5公里纳右岸支流日窝玛西，又5公里纳右岸支流劳得亚西，汇合口海拔4586米，又7.4公里纳左岸支流加日扎立，又13.6公里纳左岸支流索地陇，又1.5公里转向东流1.4公里纳右岸支流托洛曲，汇合口海拔4529米，又2.8公里纳左岸支流拉尕陇，又7.5公里接纳左岸支流扎地托尕，汇合口海拔4504.5米，这段河宽约22米，水深约0.4米，石质河床，又2.7公里在洛云年渣山前纳右岸支流那陇格姆，开始入峡穿越巴颜喀拉山脉。峡底宽0.7~1.7公里，在峡内逶迤东流9.9公里纳左岸支流努钦，这段峡谷中河宽21~23米，水深0.7~0.8米，石质河床。又12.8公里接纳右岸较大支流贝敏曲，汇合口以上河段流程96.5公里，以下干流河名复称多曲，并转向东北流进入柏格永山间盆地，峡谷豁然展宽到4公里许，其间分布有数十个小湖。干流向东北流7.3公里纳右岸支流柏格永曲后，峡谷束窄至0.4~0.8公里。又2公里成为称多、玛多两县界河，又7.2公里转向北流，峡谷逐渐展宽至2公里左右，又8.4公里进入玛多县境，渐入高峡深谷，峡宽0.2~1公里。又15.9公里至峡口，即穿过了巴颜额拉山脉，玛多县境内这段峡谷内河宽39~45米，水深1.3~1.5米，碎石河床。多曲出峡后转向东北流入宽阔的草滩，干流左侧是邹玛汤（邹玛曲）滩，右侧是勒那河塘岔玛滩。东北流经 8 公里纳左岸较大支流邹玛曲，又 14.4 公里在茶木错附近分多股汇入玛曲，全长 159.7 公里，主河口海拔约 4283 米，落差 659 米，河床平均比降 0.41%，流域面积 6085 平方公里，年降水量在 300～450 毫米之间，由北向南递增，平均年径流深 60 毫米，平均年径流量 3.6 亿立方米，多年平均流量 11.6 立方米每秒。多曲水系发育，河网密布，干支流上游两旁多小湖，有一级支流 38 条，其中贝敏曲、邹玛曲流域面积在 1000 平方公里以上，余皆甚小（见玛曲和称多段的河流图）。

玛曲和称多段的河流图

（7）勒那曲。勒那曲是玛曲右岸一级支流，位于玛多县境内，发源于巴颜喀拉山脉主峰——勒那冬则（海拔5267米）南偏西7公里，玛多与称多两县交界处（见玛曲和称多段的河流图）。源头海拔5048米。源流名勒朗那冻，向北流16.6公里纳左岸支流勒朗货冻，汇合口以下干流始称勒那曲，继续北流出山谷进入间有低丘的广阔草滩，经25.4公里纳右岸支流汪藏尼特卡，又3.5公里纳左岸支流勒那赫才尔洼曲后，干流穿过2.5公里长的峡谷，流向逐渐转向东北，流入平缓的草滩。在距源头55.8公里处，右岸支流烈姆粗得玛（季节河）汇入，汇合口对面干流中有1.5公里长的砂砾滩，干流过砂砾滩下端陡然折向西北流，在距源头65.1公里处纳左岸支流玛拉曲后，进入峡谷蜿蜒4公里出峡，又7.2公里纳左岸支流给干桑泥合曲后，进入大面积沼泽地，过汇合口约5公里折向东北流，蜿蜒曲折，至勒那河塘岔玛沼泽地东北角汇入玛曲。河口西距扎陵湖约22公里，东到鄂陵湖入口3公里多。勒那曲全长95.3公里，流域面积1678平方公里。河口海拔4272米，落差776米，河床平均比降0.81%，河宽10~32米，中下游水深0.5~0.7米，多为石质河床和砾石河床。上游水系发育，呈树枝状分布，主要支流有汪藏泥特卡和勒那赫才尔洼曲，上中游湖泊棋布。区内平均年降水量约350毫米，平均年径流深45毫米，平均年径流量约0.75亿立方米，多年平均流量约2.39立方米每秒。

主要湖泊　　黄河源区共有湖泊5300多个。其中有黄河流域最大的外流淡水湖——扎陵湖和鄂陵湖。湖水面积大于10平方公里的湖泊5个，水面为5~10平方公里的湖泊2个，水面为1~5平方公里的湖泊16个，水面为0.5~1.0平方公里的小湖泊25个。湖水面积大于0.5平方公里的湖泊共48个，其湖水面积共1270.77平方公里。湖泊分布多在干支河流附近和低洼平坦的沼泽地带。支流卡日曲汇合口以上的河源区上段有2747个小湖泊（玛曲干流区间1480个，支流卡日曲流域1267个），其特点是湖泊小、密度大，尤以玛涌（滩）中的星宿海最为密集。河源区下段有湖泊2600多个（支流多曲流域湖泊有1800多个，支流勒那曲流域湖泊有500多个，玛曲干流区间湖泊有329个），大湖均在黄河源区下段干流上或其附近（见黄河源区河流图）。

黄河源区河流图（2020 年 8 月）

（1）扎陵湖。扎陵湖是黄河流域第二大淡水湖，是由断陷盆地形成的构造湖。"扎陵"系藏语音译，意为"白而长"，"扎陵湖"意即"白色的长湖"。扎陵湖位于河源区中部偏北，地理坐标东经97°02′42″～97°27′18″、北纬34°49′06″～35°01′30″。行政区划以湖中的"西三岛"东边为界，西部一角属玉树藏族自治州曲麻莱县，以东属果洛藏族自治州玛多县。扎陵湖水域面积526.1平方公里，东西长约37公里，南北宽约23公里，其状近似顶角向下的三角形，储水量46.7亿立方米。湖北部水深，南部水浅，平均水深8.9米，最大水深13.1米，位置偏向湖心的东北。湖的入口水面海拔约4290米，出口水面海拔约4287米。扎陵湖水清澈，水面呈灰白色，水质良好，pH值8.35～8.50。

玛曲在湖西岸平坦的布肉加千草滩上分为3股注入扎陵湖，入口至"西三岛"间的水深只有1～2米，出口在湖的南端；黄河水道靠近湖的西南岸，扎陵湖底泥沙沉积，形成缓坡地形，水深3～8米。

扎陵湖图（曲麻莱县境内，2020 年 10 月）

直接入扎陵湖的玛曲支流有：湖北岸的龙拉加日苟、康浅、康浅多特、康前等7条和湖东岸的尕日采加隆，共8条河流。其中以湖东北角的康前（曲）为最大，河长52公里，流域面积450平方公里，推算流量0.62立方米每秒，在湖中泥沙沉积形成4公里宽的缓坡地带，湖水深1～8米。扎陵湖东的小支流尕日采加隆穿过桌让错注入扎陵湖。

环扎陵湖有多处半岛，以扎陵湖西北部的"扎陵半岛"最大，向南伸入湖中4公里多，最南端制高点海拔4312米。半岛以东约2公里有自北向南一字排列水下相毗连的3个绿色小岛，名"西三岛"，又称"鹿岛"。岛上水草丰茂，有60多头白唇鹿在岛上栖息。北岛面积约1.3平方公里，最高点海拔4382米；中岛面积约0.8平方公里，最高点海拔4343米；南岛面积约0.4平方公里，最高点海拔4332米。扎陵湖北部距湖岸约0.7公里处有白色小岛，面积约0.04平方公里，满岛雁鸥，称为"鸟岛"。

扎陵湖是玛曲干流上良好的径流调节天然水库。其水源补给主要为河道径流。大气降水和冰雪融水是径流主要来源，扎陵湖水位变化不大，但从区内降水量小、蒸发量大等因素来看，扎陵湖水入不敷出。扎陵湖的西北角湖滨滩地前有明显的湖面退缩痕迹。扎陵湖岸有三级陡坎，第一级高约0.6米；第二级高约1米；第三级高约2.5米，由砂砾组成。扎陵湖周有32个小湖泊，均系潟湖（见扎陵湖图）。

（2）鄂陵湖。黄河流域第一大淡水湖，系断陷构造湖。"鄂陵"藏语意为"青而长"，"鄂陵湖"意即"青蓝色的长湖"。位于河源区东部，地理坐标为东经97°32′～97°54′、北纬34°46′～35°05′，全部在玛多县境内，与西面的扎陵湖一山之隔，相距10多公里。鄂陵湖水域面积610.7平方公里，东西宽约34公里，南北长约34.5公里，状如顶角向上的三角形。储水量107.6亿立方米，湖的北部水深，南部水浅，平均水深17.6米，最大水深30.7米，位于湖心偏北部，鄂陵湖底广阔而平坦。玛曲入口水面海拔约4270米，出口水面海拔4254.5米。湖水澄清，呈青蓝色，水质良好，pH值8.05～8.40。玛曲在鄂陵湖西南角的一片沼泽中散乱地注入湖中，湖口处被淤成水深不足 1 米的宽近 2 公里的浅滩，由浅滩至鄂陵湖中是 6 公里长的均匀斜坡，再向下则是平缓的湖底。黄河水道沿鄂陵湖西北边向东北行进，在鄂陵湖的北端出湖。直接入湖的玛曲支流仅有湖北端的柯尔咱程和鄂陵湖南岸的两条支流，均甚小。

环湖有多处半岛，最大的半岛是西北边的扎岛山半岛，向东伸入湖中约 6 公里，半岛上有茶错等 3 个小湖，扎岛山顶海拔 4361.9 米，最东端岸边海拔 4293.6 米。南岸较大的半岛有然玛知知贡玛半岛和然玛知知洼尔玛半岛，均向北伸入湖中约 4 公里。西边的然玛知知贡玛半岛上有面积为 1 平方公里的小湖泊，北端岸边海拔 4279.3 米，其北 0.5 公里有牧草茂盛的小岛，面积约 0.2 平方公里，称"鹿岛"，岛上有鹿群。然玛知知洼尔玛半岛较为窄长，其尖端以北约 2 公里有一东西长 155.8 米、南北宽 50 米的白色小岛，岛上有鱼鸥聚栖。此岛系黄河水利委员会南水北调查勘队和江苏省地理研究所于 1978 年首次登岛考察并命名。两半岛之间还有一小岛，面积仅 0.1 平方公里。

鄂陵湖对玛曲径流有良好的调节作用。湖水入不敷出，湖面渐渐缩小。湖出

口处有两级天然陡坎砾石堤，较高的一级高1.6米、宽5米，较低的一级高1米，是水面下降的痕迹。这是黄河水利委员会查勘队于1952年和1978年两次查勘时发现的变化，说明26年间水面下降近60厘米，平均每年下降2厘米多。这一数值是新构造下沉量和气候变干旱导致湖面下降量的和，因缺乏资料尚难将两者分开。湖周的40个小湖均为潟湖（见鄂陵湖图）。

（3）龙日阿错。龙日阿错又称龙热错，位于玛曲南侧，湖面海拔约4214米，湖水面积19平方公里，南北长约9公里，东西最宽处约3公里。东以阿涌公马山与星星海分水，西与鄂陵湖毗邻，南以大野马岭为界（即河源区界），流域面积263平方公里。龙日阿错本为玛曲一级支流龙日阿错上的外流湖，因气候日趋干旱，水源补给困难，湖面渐降，致使下游河道干涸，遂封闭为内陆咸水湖。入湖河流有3条，西岸有龙日阿错，南岸有阿日冲过、做屋龙娃。以做屋龙娃最大，由南向北流，长约17公里，下游河宽仅2.5米，水深约0.3米。流域内还有小湖泊82个，多集中在做屋龙娃两岸。流域西南部的阿日冲过公马河注入的一个湖最大，湖水面积1.27平方公里，余皆甚小。

鄂陵湖图（玛多县境内，2020年8月）

（4）星星海。星星海又称阿涌贡玛错，湖水面积29平方公里，南北长约13公里，南部宽约1.5公里，北部宽约3公里。湖北端有西、东2个出口，各自有水道向北流入玛曲干流。西出口水道长2.6公里，东出口水道长1.7公里。东出口的东北方约4公里即玛多黄河桥。湖中部东岸的"站长地理"半岛，面积约0.35平方公里，最高点海拔4241米，半岛与湖岸仅以不足百米宽的一段地峡相连。星星海流域面积158平方公里，西与龙日阿错分水，南即河源区界，与黑河分水，东为河源区东界，与阿涌吾儿马错分水。流域内还有36个小湖泊，均系星星海之潟湖，除东部有3个小湖外，其余33个湖泊均集中分布于南部。其中以星星海正南端的"海狮湖"最大，湖水面积3.51平方公里，湖面海拔约4225米，其南边为日过龙娃山沟。青康公路从星星海东边和南边经过。

秋智乡格麻滩

（5）哈江盐池。哈江盐池又称阿雄茶卡，位于鄂陵湖东北侧约10公里，玛曲右岸约2公里处，湖水面积8.21平方公里，湖面海拔约4235米，系内陆盐湖，流域面积约148平方公里。经中国科学院青海盐湖研究所取样化验，湖水pH值7.9，总含盐量382克每升。

黄河源区自然环境

　　黄河在玛多黄河桥以上的流域为黄河源地区，简称黄河源区。源区南、北界分别为巴颜喀拉山和布青山，西界为雅拉达泽山，形成一个以扎陵湖和鄂陵湖为汇水中心，黄河贯穿其中，并向东开口的盆地状谷地。黄河源区总面积 2.09 万平方公里，草场面积 1.68 万平方公里，占流域总面积的 80.4%。整个黄河源区位于青海省中南部，分属玉树藏族自治州的曲麻莱县、称多县和果洛藏族自治州玛多县（见鄂陵湖湖区地貌图）。

鄂陵湖湖区地貌图（2019 年 7 月）

地貌　　黄河源区南界巴颜喀拉山黄河与通天河分水岭，北界布青山是黄河与柴达木河分水岭，西面约古宗列高原是黄河与格尔木河分水岭。黄河源区中部两座东西走向的山脉：左谟山（作毛拉折）是卡日曲与约古宗列曲分水岭，扎根日至玛玛底桑是卡日曲与多曲分水岭。这些山海拔多在 4600 米以上，相对高度大于 500 米，控制了河源区总的地貌格局。源区总地势自西向东倾斜，山峰和山脊多呈浑圆状，山系之间水系河谷发育，地势平缓，广布湖泊和沼泽（见黄河源区地貌地势图）。

（a）星宿海地貌（草甸和溪流）

（b）玛多河地貌

黄河源区地貌地势图

黄河源区地貌基本类型概括为：布青山、巴颜喀拉山强烈侵蚀剥蚀中山带；巴颜和欠、黑河北山等弱侵蚀剥蚀高原低山丘陵带；星宿海和扎陵湖、鄂陵湖为中心的湖盆地貌带；玛曲干支流间的盆地、宽谷等河谷地貌带4个单元（见黄河源区地貌类型图）。

黄河源区地貌类型图

（1）强烈侵蚀剥蚀中山带。强烈侵蚀剥蚀中山带主要分布于黄河源南北两侧的布青山、巴颜喀拉山和中部的作毛拉折（卡日曲与约古宗列曲界山）与扎根日至玛玛底桑（卡日曲与多曲界山），海拔多在4600米以上，相对高度大于500米，大部分由中生代砂页岩和板岩组成。它们因受控于地质构造，基本呈北西西—南东东或东—西向排列（彼此间近于平行），并构成多组大小断裂，控制了河源区总的地貌格局。山峰和山脊多呈浑圆状，同时地形比较破碎。巴颜喀拉山一带，沟谷割切密度约达1.19公里每平方公里，地面坡度较陡，一般为20~30度。

（2）弱侵蚀剥蚀高原低山丘陵带。弱侵蚀剥蚀的高原低山丘陵带主要分布于约古宗列盆地西界河谷两侧、扎陵湖与鄂陵湖周围及东部的黄河以南，海拔多在4500米以下（如巴颜和欠、巴颜朗玛、黑河北山等），相对高度一般为50~300米，其岩性与强烈侵蚀剥蚀的中心带相同。由于隆升量较小和遭受侵、剥蚀的强度较小，因而地形坡度比较平缓，一般小于15度，沟谷割切密度约为0.81公里每平方公里，在卡日涌河谷盆地和两湖周围还可见到第三纪的夷平面。

（3）湖盆地貌带。湖盆地貌带位于河源中部星宿海与扎陵湖、鄂陵湖一带。据1978年8月中国科学院地理研究所的勘察，湖滨周围的湖盆地貌分为三级阶地。一级阶地为高出湖面6~8米（其中扎陵湖周为6米左右，鄂陵湖周为8米左右）的堆积阶地，主要分布于湖岸凹入的湖湾部分，常与冲积、湖积平原联系在一起。其组成物质为灰黄色的粉砂至粉细砂层，结构松散，呈水平层理。鄂陵湖心岛一级阶地的下部，还见有厚1~2米的砾石层（砾石呈扁平状，分选性好）。二级阶地为高出湖面22~25米的基座阶地，基座面高出湖面16米，岩性为板岩，基座面上堆积有轻微胶结、厚达5~6米的黄色粉细砂，常形成湖滨陡崖。三级阶地为高出湖面30~40米的基座阶地，基座高出湖面24米左右，上覆6~10米棕黄至棕红色湖相细粉砂沉积堆积层，已胶结（表层胶结坚硬）。由于堆积层后期受风浪侵蚀，形态很不完整（有的已被扫光而成浪蚀平台）。以上三级阶地在两湖周围的一些小湖如东部的龙日阿错、星星海一带也有分布。各阶地的形成时代由于缺乏古生物化石资料，仅根据区域地层对比，确认第三级湖滨阶地形成于早更新世末至中更新世初；第二级阶地形成于中更新世末至晚更新世初；第一级阶地形成于晚更新世末至全新世初（见鄂陵湖湖滨阶地综合剖面示意图）。

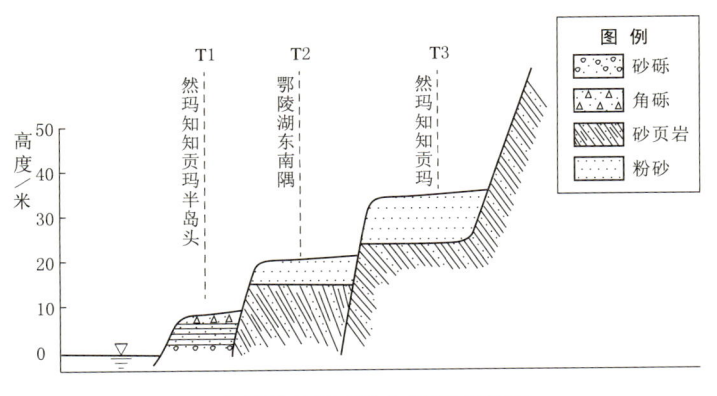

鄂陵湖湖滨阶地综合剖面示意图

湖积冲积平原主要分布于星宿海和扎陵湖、鄂陵湖周围，特别是在湖湾内和玛曲入湖口处有广泛分布。一个重要的地貌特征是在冲积湖积平原上，普遍发育有一道道湖积砂砾石堤与分隔的子湖。一般堤高出湖面2.5~3米，由均匀的粉砂或砾石组成，成为历史上湖面不断收缩后退的见证（见鄂陵湖东南隅湖滨砂堤分布示意图）。

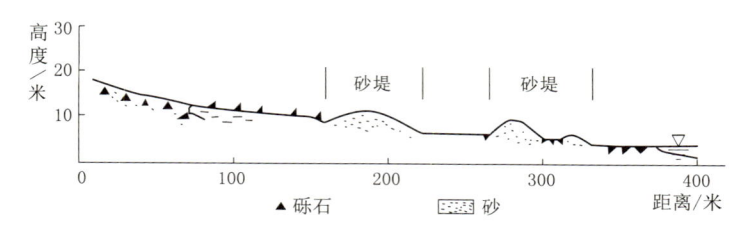

鄂陵湖东南隅湖滨砂堤分布示意图

湖盆水下地貌，扎陵湖与鄂陵湖由于所处地质构造以及内、外营力性质上的差异，水下地形表现出各自的形态特征。在湖岸为丘陵、基岩的地方，几乎都是垂直的陡崖。岩石陡岸以外的湖湾，其水下多为较平缓的斜坡或平台。鄂陵湖的水下平台有两级：第一级水深3~7米；第二级水深15~18米。而扎陵湖只有3~5米一级。无论哪一个湖的平台，分布范围都很狭窄，大致局限在两端岬角连线以内。连线以外以陡坡过渡至盆底，因此平面上湖内陡坎基本上是直线延伸，鄂陵湖北侧就表现得特为明显。这也是扎陵湖、鄂陵湖两湖为断裂构造湖的一个佐证（见扎陵湖湖盆地貌图，鄂陵湖湖盆地貌图）。

（4）河谷地貌带。约古宗列曲中游至鄂陵湖区段。除茫尕峡和扎陵峡河段外，全系湖盆宽谷，基本上无河谷形态和阶地，纵坡降小于0.1%，属宽浅型河床，汊流最多可分至6~8股（扎陵湖口和星宿海段）。茫尕峡内发育有两级阶地：第一级为高出河床4~5米的堆积阶地；第二级为洪积扇台阶地，高出河床10~12米。扎陵峡内发育的两级阶地，按高度应属于第二级和第三级。茫尕峡内河床均属单一弯曲型（扎陵湖出口至扎陵峡段为复合弯曲型）。

卡日曲流域源头。属高原山间丘陵盆地和源头盆谷，其中上段与尕日阿强咯曲之间（尕日阿强咯曲出口以下）720平方公里的卡日涌山间盆地，为第三纪断

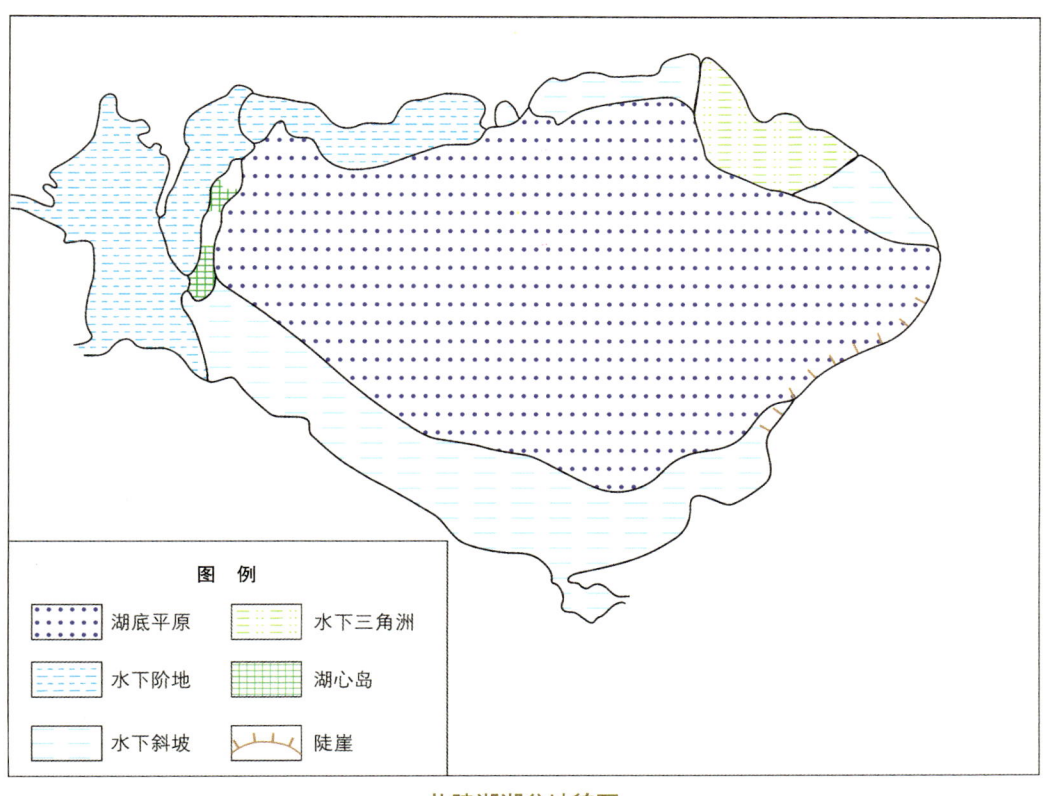

扎陵湖湖盆地貌图

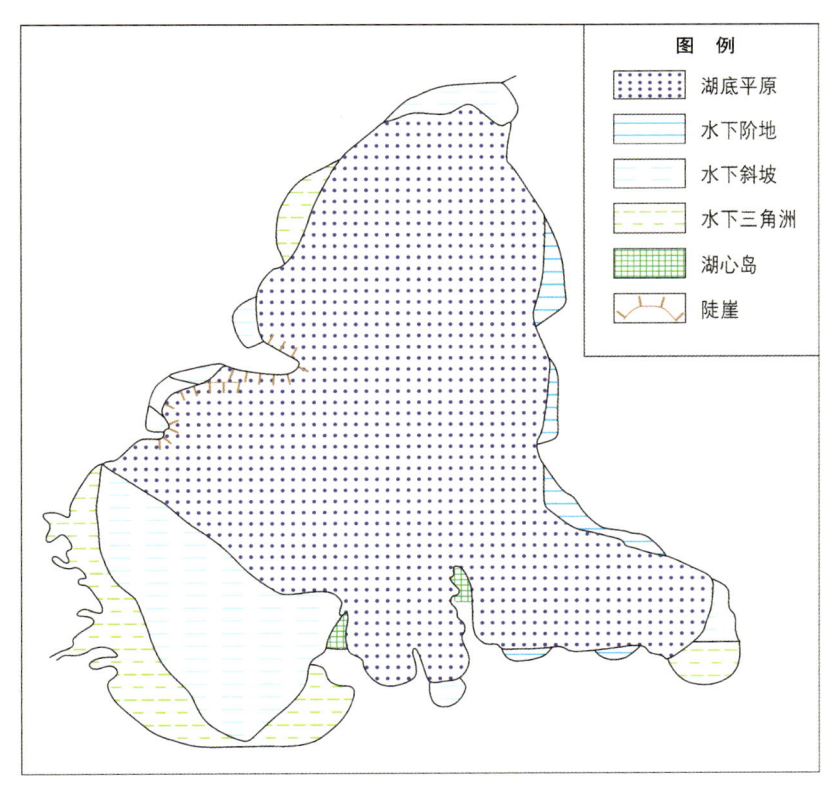

鄂陵湖湖盆地貌图

陷盆地，呈北西—南东条带状，两侧发育有二级阶地。一级为堆积阶地，高出河床 4～5 米，形成于晚更新世末至全新世；二级为基座阶地，高出河床约 15 米，表面覆盖厚 0.5～1 米，形成于中更新世末至晚更新世初，纵比降约 0.1%。

鄂陵湖出口至黄河沿的近代冲积宽谷平原。这一段河谷形态不明显，无阶地，河道系沿"北西西"向断裂而发育，南岸因靠山较近，河床受到一定约束，呈微弯型。

黄河源区气象水文

由于地处青藏高原东部，河源区具有鲜明的内陆高寒气候特征，空气稀薄，严重缺氧，气候条件十分严酷。主要表现为气温低寒，昼夜温差大，冷季长，暖季短，光照充足，辐射强烈，降水主要集中于暖季，年平均气温在 -3.9～-7.9℃ 之间，1 月最冷平均气温 -15.7～-16.9℃，7 月最热平均气温 7.5℃，年平均气压只有海平面标准气压的 57%～60%（见反映黄河源区气候特征图）。

黄河源区降水受西南季风影响，由南向北，由西向东递减，降水集中于暖季，5—9 月的降水量约占全年降水量的 85%。玛曲及扎陵湖、鄂陵湖以北和约古宗列盆地一带，年均降水量约 300 毫米，玛曲以南至巴颜喀拉山地区年均降水量 350～450 毫米，东南部多曲及勒那曲流域一带，年均降水量 450～593 毫米。年蒸发量 988～1528 毫米，相对湿度 43%～60%，以扎陵湖、鄂陵湖区和多曲、勒那曲中上游为最大，西北部约古宗列至扎日加一带最小。

黄河源区地表径流以降水补给为主，其次是冰雪融水和地下水补给。由于湖泊的槽蓄作用，特别是扎陵湖、鄂陵湖的滞洪调节，黄河源区干支流丰水期比降水集中期后延了 2 个月，7—11 月径流量最丰，占年径流量的 62.2%。雪灾是河源区的主要灾害，主要发生在 10 月至次年 3 月。

（a）初春黄河源草甸

（b）夏季星宿海草场

反映黄河源区气候特征图

三江源地文

气候特征　　黄河源区位于青藏高原，具有鲜明的内陆高寒气候特征。空气稀薄，严重缺氧，气候条件十分严酷。主要表现为气温低寒，昼夜温差大，冷季长，暖季短。光照充足，辐射强烈。降水集中于暖季，冷季干冷多风，并多霜冻、雪灾、冰雹、雷暴等。

（1）气温。黄河源境内年平均气温在 –3.9（麻多）～ –7.9℃（查龙穷）之间，垂直气候变化与复杂多样的小区气候特征显著。一般海拔在 4500 米以上，多属河源中高山寒冷风化带和高山冰雪带，年平均气温均在 –6℃以下（最冷月平均气温在 –20℃以下，最热月平均气温也小于 5℃）。海拔在 4300～4500 米之间的广大河谷盆地和丘陵地带（如约古宗列曲、星宿海、卡日曲等盆地和东部的低山丘陵带）一般年平均气温都在 –4 ～ –5℃之间，1 月最冷月平均气温 –15.7～–16.9℃，7 月最热月平均气温约 7.5℃，年较差 23.3～25.3℃，平均日较差 13.3～15℃。据麻多气象站 1956—1988 年 33 年记载中，极端最低气温 –48℃，极端最高气温 22.9℃，无霜期不足 20 天。黄河源气压的地域分布规律与气温相同，一般年平均气压为 581～607 百帕，只相当于海平面标准气压的 57%～60%。

（2）日照。黄河源区日照时数较长，多年平均日照时数为 2510（查龙穷）～2717.1 小时（麻多），相对日照百分率 56%～62%。太阳总辐射量 625.3～683.3 千焦每平方厘米。

（3）降水与蒸发。黄河源区降水因受西南季风的影响，一般时空分布的总趋势是由南向北、从东至西递减。在海拔 4800 米以下部位，降水量随地势的增高而递增，4900 米以上则呈相反趋势。降水集中于暖季，5—9 月降水量约占全年总量的 85%，且多夜雨。年降水量在地域上的分布情况是玛曲及扎陵湖、鄂陵湖以北和西部的约古宗列盆地一带，年平均降水量约 300 毫米；南至巴颜喀拉山，年平均降水量在 350～450 毫米之间；东南部多曲和勒那曲流域一带，年平均降水量 450～593 毫米。

河源区的年蒸发量为 988（查龙穷）～1 528.4 毫米（麻多）；湿润系数为 0.44（麻多）～0.57（扎陵湖），相对湿度在 43%～60% 之间（以扎陵湖、鄂陵湖湖区和多曲与勒那曲中上游为最大，西北部约古宗列至扎日加一带为最小）。

（4）风及其他。玛多年平均风速为3.4米每秒。风向以西风、西北（或东北）风为主。年内月平均风速2—10月为3.1~4.1米每秒（其中以4月为最大，2月为最小，最小月均值为2.5米每秒）；日变化以7—10时风速最小，一般午后13—19时为风速高值期，多年日平均最大风速为7.6米每秒。年平均有效风速（平均风速小于20米每秒，大于3.0米每秒）时间在5000~5400小时之间，出现频率为50%~60%。

黄河源区水文特征

（1）年径流量。黄河源区诸河径流的补给，以大气降水为主，其次为冰雪融水和地下水补给。根据玛多黄河沿水文站的水文资料统计，平均年径流量6.02亿立方米，多年平均流量19.10立方米每秒。黄河沿以上各段干流和支流年径流的分布，呈南大北小、东多西少的总趋势。

径流的年内变化，5—9月径流量占年径流量的49%；7—11月径流量占年径流量的62.2%。丰水期与降水集中期后延了两个月，这反映了上游河川的槽蓄与湖泊的调节等作用。枯水期从12月至翌年6月长达7个月，径流量占年总量的37.8%，最枯流量多发生于11月，其次发生于12月，发生于1—4月的次数较少。它与河流年最枯水量通常出现于1月、2月迥然不同。

（2）历史洪水。黄河沿水文站实测，多年平均洪水流量为63.47立方米每秒，1983年8月4日出现的171立方米每秒为最大实测洪峰流量。由于河源流域内湖泊的槽蓄作用，特别是扎陵湖、鄂陵湖的滞洪调节作用，使河源区干支流洪水具有峰量小、持续时间长、洪量大的特征。

（3）泥沙与冰情。黄河源区流域地势平缓，植被良好，又有众多湖泊的滞洪拦沙，河水含沙量甚微。主要来源于鄂陵湖以下玛曲北岸的嘉特场膀陇巴至纳加朗曲等7条较小支流，控制面积约1650平方公里。黄河沿年最大含沙量0.22公斤每立方米（1961年），年最小含沙量0.01公斤每立方米（1956年），多年平均含沙量0.11公斤每立方米。年最大输沙率为12.1公斤每秒（1989年），最小

黄河源头约古宗列

年输沙率 0.1 公斤每秒（1956 年），多年平均输沙率 2.95 公斤每秒。多年平均年输沙量 9.32 万吨。

据黄河沿水文站的资料，一般初冰始于 10 月上中旬，封冻日期为 10 月中下旬，解冻日期为翌年 4 月中下旬，平均封冻天数为 158 天。

（4）自然灾害。黄河源风速大于 17 米每秒造成草原灾害的大风，多出现于 11 月至翌年 3 月，尤以 3 月为最多。1972 年 7 月 9 日 19 时、12 日 17 时、13 日 19 时，在扎陵湖乡第二生产队，巴颜喀拉山北麓曾连续出现飑线（挟带冰雹），使该队 11 群羊、14 群牛、7 户牧民遭袭击，帐篷及杂物被席卷一空，一名藏族姑娘被大风卷至彼岸致使双目失明。

雪灾是黄河源区的主要灾害。1957—1986 年 30 年内共出现过 10 次较大雪

灾，平均3年一灾。其中以1965年11月16日至1966年3月的灾情最为严重，几个月内连降大雪，使交通阻塞，草场平均积雪达70厘米以上，成为几十年罕见的特大雪灾。此外，1971年10月至1972年3月，1974年10月至1975年3月，1982年11月至1983年3月，1985年10月至1986年3月等各次雪灾，造成牲畜死亡均在20%以上。

雹灾为黄河源区局部性的灾害天气现象，据玛多气象资料，雹日最多的年份达30天（1954年），最少的年份仅1天（1969年），年际变率极大。发生季节为4—10月，以6—9月为降雹集中期（其降雹次数约占全年的93%），尤以7月最多，同时一般出现于午后13—19时。

黄河源区土壤植被

黄河源区内海拔超过5000米的雪峰15座，布青山主峰马尼特雪峰和南部托洛岗雪峰有残留冰川，面积超过4平方公里。区内冻土广布，处于大片连续多年冻土向季节冻土的过渡区。地表1～1.5米以下是多年冻土，向上为季节冻土。受自然条件长期影响，河源区冻土表层发育形成高山寒漠土、高山草甸土、沼泽土和高山草原土等。其中高山寒漠土分布于海拔4800～5300米的河源各支流上游高山顶部，占河源面积的6%左右。高山草甸土上接高山寒漠土，下接沼泽土或高山草原土，占河源面积的55.2%，分布于海拔4400～4800米山的北麓和较湿润地带。高山草原土分布于海拔4200～4400米低山宽谷带和湖盆周围的向阳山地与冲、洪积扇滩地，占河源面积的13.3%。沼泽土主要分布于约古宗列曲、星宿海、扎陵湖、鄂陵湖等盆地的低湿地和湖沼区，占河源面积的24.5%。还有约1%的盐土零星分布于鄂陵湖、玛曲入湖古道及哈江盐池一带。

土壤

（1）高山寒漠土。高山寒漠土主要分布于巴颜喀拉山、布青山、扎（耳）、根日、玛玛底桑等河源各支流上游一带的高山顶部，一般海拔在4800～5300米之间。面积占河源区的6%左右。因其地处山顶，地表大多为裸岩，碎屑与流石，呈高山寒漠景观。在碎石屑隙缝和低洼平坦处，有低等植物和地衣、苔藓生长，植被度小于10%。

（2）高山草甸土。高山草甸土分布于各山系的阴坡和较湿润地带，一般海拔在4400～4800米之间，上接高山寒漠土，下接沼泽或高山草原土，分布区域约占河源区面积的55.2%。依据土壤特征和理化性质，该土类又划分为原始高山草甸土、高山草甸土、碳酸盐高山草甸土3个亚类和4个土属。

（3）高山草原土。高山草原土分布于气候较温暖干旱的低山宽谷带和湖盆周围的阳坡山地与冲、洪积扇滩地，海拔在4200～4400米之间。成土母质为坡积和冲、洪积物，质地较粗。全剖面呈强石灰反应，在中下部多粉点状新生体，pH

值为 7.0～7.5。植被以针茅类和杂草为主，覆盖度 60%～70%，分布面积占全区 13.3%。本土类分为高山草甸草原土和高山草原土 2 个亚类和 4 个土属。

（4）沼泽土。沼泽土主要分布于河源约古宗列曲、星宿海、扎陵湖、鄂陵湖一带等盆地的低湿地和湖沼区，面积约占全区的 24.5%。该土类母质黏重（有古冰碛、冲积物参与），在地表长年（或季节性）积水下，土壤有机质残体分解缓慢，遂形成泥炭积累层，并在低部形成青灰色潜育层。有机质的泥炭化和底土的潜育化是沼泽土类形成的主要特征。该土类分为泥炭土（泥炭层大于 50 厘米）、泥炭沼泽土（泥炭层厚 30～50 厘米）和草甸沼泽土（泥炭层厚度小于 30 厘米）。

（5）盐土。盐土零星分布于鄂陵湖、玛曲入湖古道——干涸的北河滩及其西北部的茶错、增木达错、玛多县牧场和以东的哈江盐池一带，是在干旱气候条件下，由长期蒸发作用使地下水盐分聚集表层，形成地表盐霜、盐斑，散布于几个盐湖周围的地区，可见地表结壳成块。由于河源降水多，导致表土盐霜呈周期性淋浴——聚积过程，使优良牧草多枯死而被耐盐植物替代，一般覆盖度只有 40%～50%。按其含盐量及植被特征，又划分为洪积盐土和草甸盐土 2 个亚类，其分布面积前者约占河源区总面积的 0.79%，后者仅占 0.11%。

此外，风砂土类固定风砂土亚类，在扎陵湖乡政府以东，玛曲北岸干旱的肘滩南缘，沿河呈条带状分布，面积仅占河源区的 0.1%，以砂土为主，生长有沙蒿、赖草、大黄等植物，覆盖度 20% 左右。

植被 黄河源区植被的分布与土壤分异同步：一方面，垂直分带明显，种类繁多，并有复合分布的特征；另一方面，形成了自东南向西北由暖湿至寒旱的水平分异梯度。1978 年，北京大学地理系在河源植被路线考察时发现，从 1976 年 11 月 25—26 日拍摄的 1/100 万卫星照片可以明显地看出两条生态界线：一条大致沿北纬 34°30′ 东西伸展，位于巴颜喀拉山主脉北侧（卡日曲南源与多曲、勒那曲河源一带），是温湿的高山草甸与干寒的高山草甸的分界线；另一条大致沿玛多至扎陵湖、鄂陵湖盆地北缘的低山带，是干旱高山草甸与高山草原区的界线。由此可见，除布青山和向阳的南山坡外，高寒草甸植被广泛分布于河源地区，西北地区则以耐旱的多种风毛菊属、多刺绿绒蒿和垫状植被分布较广，植株也较东部低矮。

（1）高寒（山）草甸类植被。以寒冷中生、多年生草本植物为优势种的植被群落，广泛分布于河源区海拔4200～4800米之间山坡、丘陵、浑圆山顶、宽谷、河岸阶地和滩、台地等高山草甸土地带，生长期约110天，分布面积约占全区的55%，覆盖度在25%～95%之间。植物种类190多种，草群层一般分为两层。第一层高度在20～60厘米之间，以禾本科牧草早熟禾、垂穗披碱草等为主；第二层高度在5～11厘米之间，多为莎草科高山嵩草、矮嵩草、线叶嵩草、薹草和杂草等，是该类植被的优势草种，覆盖度占20%～85%，呈黄绿色景观，适口性好，养分高，产草量稳定，是良好的冬春季牧草。高寒草甸类，按照植被分布的不同特征，又分为莎草、禾草、杂草3个不同草场组。

（2）高寒沼泽化草甸类莎草草场。高寒沼泽化草甸类植被，在河源区只有一个莎草草场组类型，是以耐寒湿、中生多年生地面芽或地下芽植物群落为优势。主要分布于河源麻多乡和扎陵湖乡的星宿海、卡日塘纳、扎陵湖、鄂陵湖和勒那塘岔玛等地的沼泽土地带，海拔在4200～4700米之间。分布面积约占全区的24.5%，覆盖度达85%～90%。常见草种50多种，其中以密丛短根茎植物西藏嵩草、水嵩草、双柱头藨草、薹草等占优势。常见伴生种有早熟禾、穗三毛、垂穗披碱草、疏花剪股颖、西藏早熟禾、长花野青茅、羊茅草、双叉细柄茅等。莎草科植物有高山嵩草、矮嵩草、甘肃嵩草、莫氏薹草，粗喙薹草、异穗薹草、黑褐薹草、华扁穗草、薰草等。杂草类有灯芯草、花莛驴蹄草、小金莲花、海韭菜、星状风毛菊、细叶蓼、沼生蒲公英、块根紫菀、曲枝委陵菜、无尾果、火绒草、水麦冬等。不食杂草和毒害草有黄花棘豆、唐古特金莲花、银莲花、海

冬季曲麻河

乳草、条叶垂头菊、车前状垂头菊、盘花垂头菊、龙胆、天山报春、水毛茛、三裂碱毛茛、杉叶藻、长花马先蒿、青海大戟、橐吾等。牧草生长茂盛，层次分化不明显。一般株高5~25厘米，是良好的天然牧场。

（3）高寒干草原类禾草草场。寒冷旱生多年生丛生禾草科为优势种的植物群落。主要分布于扎陵湖、鄂陵湖以北至黄河沿一带海拔4200~4600米的滩台、山地阳坡的高山草原土地带，面积约占河源区的13.3%。覆盖度30%~70%。植物种类有50余种，群落优势种多为旱生、中生地面芽的禾草为主，有紫花针茅、扁穗冰草等。次优势种有冷地早熟禾、光稃早熟禾、紫羊茅、禾叶风毛菊、钻叶风毛菊、青海黄芪、火绒草、沙生蒿等。伴生种有异针茅、赖草、矮风毛菊、固沙草、疏花针茅、披碱草、糙毛鹅观草、冷蒿、茵陈蒿、高山嵩草、矮嵩草、线叶薹草、委陵菜、阿尔泰紫菀、乳白香青、蒲公英、垫状点地梅等。羊不食的杂草和毒草有筋骨草、铁棒锤、披针叶黄花、高山鸢尾、镰形棘豆、紫棘草、红景天、异叶青兰、狼毒、乳浆大戟、唐松草、阿拉善马先蒿等。整个草群层次明显，一般分为两层：第一层为禾草层，高17～33厘米，覆盖度20%～35%；第二层为杂层，高3～7厘米，覆盖度15%～25%。

（4）平原草甸类禾草草场。平原草甸类植被零星分布于扎陵湖乡几个盐湖周围的洪积盐土、草甸盐土和风沙土地带，分布面积仅占全区的1%。植物种类单一，以耐盐、耐旱的赖草、盐瓜瓜、沙蒿、披碱草等为主。伴生有鹅观草、西伯利亚蓼、扁穗冰草、大黄、铁棒锤、橐吾等杂毒草等。覆盖度20%～60%，是当地冬春季的辅助性草场。

此外，石生稀疏植被，主要分布于海拔4800～5000米附近的高山寒漠土地带以及高山顶部石海处，面积约占全区的6%。在背风和低洼平坦处生长有地衣、苔藓类低等植物和金露梅、红景天、薹状蚤缀、垫状点地梅、雪莲、雪山贝等，植被覆盖度仅1%～9%。

澜 沧 江 之 源

澜沧江发源于唐古拉山东北部（见澜沧江源区图）。其源区水系包括扎阿曲水系和扎那曲水系，两源流汇聚在青海玉树杂多县城西北的尕纳松多，意为"黑白交汇处"。两源交汇后称扎曲，扎曲从青海流入西藏昌都市区汇合昂曲后，改称澜沧江。澜沧江是国际河流，流经青海、西藏、云南后入缅甸。自缅甸起称"湄公河"。湄公河继续向南，流经老挝、泰国、柬埔寨、越南，在越南入南海。

澜沧江源区全部在玉树境内，源区支流众多。在扎阿曲与扎那曲汇合处尕纳松多以上地区，共有大小支流近400条。根据河源唯长原则，扎阿曲为澜沧江正源干流，扎阿曲源头为澜沧江源头（见澜沧江流域图）。

（a）澜沧江囊谦段　　　　　　（b）囊谦寺庙

澜沧江源区图

澜沧江流域图

澜沧江源区水系

　　在扎阿曲的众多支流中，郭涌曲河道最长、流量最大，其上游谷涌曲又分为两支：北边支流称高地扑，源自一座称"吉富山"的山头；南边支流称"高山谷西"（上游为"拉赛贡玛"）源自一座称作"果宗木查山"的山头。这两座山头都位于唐古拉山脉北侧扎纳日根山支脉查加日玛的南坡，相距约6公里，仅一山之隔。

143

两源流水量相差不大，汇合处被藏民称为"野永松多"。谷涌曲源头距野永松多23.6公里，拉赛贡玛距野永松多21.5公里。根据"河源唯长"原则，谷涌曲为澜沧江最上游，谷涌曲最上游、吉富山头下的一条冰川（海拔5160米）为澜沧江源头冰川（见澜沧江源头山峰图）。

澜沧江源头山峰图

两源流汇合后为郭涌曲，郭涌曲向南流约40公里处与"昂瓜涌曲"汇合后，称"扎阿曲"，扎阿曲东南流约40公里，在"尕纳松多"与"扎那曲"汇合，始称扎曲，藏语意为"山岩中流出的河"。扎曲流经囊谦县，在娘拉乡进入西藏昌都市，在昌都市卡若区附近与昂曲汇合后称澜沧江（见扎多澜沧江源峡谷段图）。

澜沧江源区主要支流　　澜沧江源区水系发育，呈树枝状。有一级支流50条，流域面积超过1000平方公里的一级支流有扎阿曲、阿曲和布当曲。二级支流共百余条，流域面积超过100平方公里的二级支流有扎阿曲支流托吉曲、格龙涌曲、

扎多澜沧江源峡谷段图（2017年7月）

三江源地文

沙狐

杂多县昂赛乡丹霞地貌（2021年8月）

昂纳涌曲，布当曲支流然也涌曲等。

（1）扎阿曲。扎阿曲河流长度91.7公里，流域面积3572.0平方公里，河源在郭涌曲上游的采莫赛，海拔5444米，下游河口海拔4360米，平均年径流量6.18亿立方米，多年平均流量19.6立方米每秒，河床平均比降1.18%。

（2）阿曲（阿涌）。阿曲河流长度91.0公里，流域面积1169.0平方公里，河源在昆果日玛山，海拔5026米，下游河口海拔4308.3米，平均年径流量3.14亿立方米，多年平均流量9.97立方米每秒，河床平均比降0.79%。

（3）布当曲。布当曲河流长度91.5公里，流域面积1930.0平方公里，河源在色的日冰川，海拔5100米，下游河口海拔4160米，平均年径流量5.2亿立方米，多年平均流量16.5立方米每秒，河床平均比降1.03%。

澜沧江源区主要湖泊　　澜沧江源区小湖泊星罗棋布，共有206个，总面积为3.48平方公里。其中，面积在0.01平方公里以上的小湖泊有125个，分布在干流直接汇水区内4个，一级支流查日曲流域内9个，阿曲流域内13个，扎阿曲与扎尕曲之间50个；二级支流郭涌曲流域内12个，昂纳涌曲流域内21个，昂瓜涌曲流域内16个。

最大的湖泊是昂瓜涌曲流域内的朵宗错湖，面积0.21平方公里。其次是昂纳涌曲流域内的崩锐错根湖，面积0.18平方公里。这些高原小湖泊深浅不一，有的深不见底，有的浅不盈尺，或清澈明净，或浑浊如泥。湖泊内多长水草，繁殖藻类。

澜沧江源区自然环境

澜沧江杂多县城以上流域称为江源地区。澜沧江源区内山岭呈羽状分布，唐古拉山北麓的扎那日根山及支脉查加日玛是澜沧江与长江分水岭，澜沧江源区地势由分水岭向东侧逐渐降低。澜沧江源区总面积1.05万平方公里，含杂多县的莫云乡、查旦乡、阿多乡、扎青乡等的部分辖地以及萨呼腾镇（见澜沧江源区高原湖泊图）。

澜沧江源区高原湖泊图（2017年7月）

地貌 澜沧江源区群山耸立，巍峨高峻，北部多雪峰，平均海拔5700米，最高峰"色的日"海拔5876米，终年积雪。雪峰之间冰川密布，总面积124.12平方公里，面积超过1平方公里的冰川20多处，最大冰川"色的日"面积17.05平方公里。冰川地貌有冰蚀、冰碛、冰水堆积三种类型，冰舌从海拔5800米雪线沿山谷向下至末端海拔5000米左右。

澜沧江源区内海拔超过5000米的山峰1462座，多数山峰孤立分布，山顶山脚高差达300~500米，山下则为河流和草原。山下地形平缓，地表下有多年冻土层，阻隔地表水下渗，形成沼泽。沼泽总面积325平方公里，占澜沧江源区总面积的3.1%，主要集中在扎阿曲、扎那曲和阿曲上游区域（见澜沧江源区山势地貌图）。

澜沧江源区山势地貌图

（1）高山地貌。高山地貌在澜沧江源区山岭分布整体呈羽状，地势由扎曲河源与当曲、莫曲分水岭向东侧逐渐降低。唐古拉山脉之北的次级山岭扎那日根山是长江水系与澜沧江水系的分水岭，最高峰"色的日"海拔5876米，山上终年为积雪和冰川。澜沧江源区群山耸立，巍峨高峻。多数山峰孤立分布，山顶、山脚高差达300~500米。山下则为河流和草原。据1∶10万地形图上统计，澜沧江源区海拔5000米以上的山峰（含青海、西藏界山）共有1462座，其中有标高的山峰1237座、无标高的山峰225座。海拔5800米以上的山峰7座，均有标高（见澜沧江源区海拔5000米以上山峰统计表）。平均7.18平方公里就有1座海

澜沧江源头（索南旦增　2018年8月）

澜沧江源区海拔5000米以上山峰统计表

海拔	青海境内		青海、西藏界山	
	有标高/座	无标高/座	有标高/座	无标高/座
5000米以上	1025	172	212	53
5300米以上	351	75	120	37
5500米以上	123	12	38	12
5700米以上	13	3	14	2
5800米以上	1		7	

拔5000米以上的山峰，这是青藏高原独有的高山地貌。

（2）冰川地貌。冰川地貌主要分布在澜沧江源区北部多雪峰，平均海拔5700米，最高达5876米，终年积雪，雪峰之间是第四纪山岳冰川。冰川集中在东经94°42′~95°14′、北纬33°25′~33°38′之间，东西延续34公里长、南北12公里宽的地带。面积在1平方公里以上的冰川20多个。地貌可分为冰蚀、冰碛、冰水堆积3种类型。山北坡较南坡冰舌长1倍以上。冰舌从海拔5800米雪线沿山谷向下至末端海拔5000米左右。最长的冰舌4.3公里。澜沧江源区最大的冰川是色的日冰川，面积17.05平方公里，是查日曲两条小支流穷日弄、查日弄的补给

水源。东吉尕牙尕结冰川面积 7 平方公里，是布当曲支流东脚涌曲、白日涌曲的补给水源。源区较大的二级支流昂瓜涌曲、昂纳涌曲、格龙涌曲、托吉曲、众根涌曲、然也涌曲均源于冰川。冰川千姿百态，十分壮观，特别是在阳光照耀之下，更加璀璨夺目。

（3）冰缘地貌。冰缘地貌是澜沧江源区雪线以下到多年冻土地带的下界，海拔 5000~4500 米，呈冰缘地貌，类型丰富多样：上部主要为冰缘突岩，也称寒冻风化岩堡、岩柱等，周围常有十多米至数十米甚至超过百米的陡壁。中部以冰冻结构、泥流阶地等类型占优势，常见有石海与石川等分布。下部因热量增加，冰丘热融滑塌、热融洼地等类型发育。

（4）高平原丘陵地貌。高平原丘陵地貌在澜沧江源区在平均海拔 4500 米地带，地面坡度 5%~15%，起伏不大，有低山、矮丘、阶地等类型，是草甸为主的高寒草原。

（5）盆地地貌。盆地地貌在澜沧江源区扎那曲段，河流切割微弱，山体相对高差小，形成澜沧江源宽谷盆地，为近东西走向的宽谷湖盆，水温条件较好，牧草茂盛。

（6）沼泽地貌。沼泽地貌在澜沧江源区不少地方地形较平缓，坡度小，径流

澜沧江上游杂多县扎青乡扎曲河

三江源地文

玉树市下拉秀镇澜沧江措那湖

杂多县扎青乡澜沧江源（2021年7月）

杂多县扎青乡
澜沧江源碑
（2021年7月）

杂多县扎青乡澜沧江源湖（2021年7月）

杂多县昂赛乡丹霞地貌（2021年8月）

丰沛，流速慢，排水不畅，土层下部普遍有多年冻土层，阻隔地表水下渗，形成沼泽。大小沼泽总面积为325平方公里，占澜沧江源区土地总面积的3.1%。主要集中在干流扎那曲段和支流扎阿曲、阿曲（阿涌）上游。其中扎阿曲、扎尕曲间沼泽面积104.52平方公里，占澜沧江源区沼泽总面积的32.16%，也是澜沧江源区最大的沼泽群。阿曲（阿涌）流域内沼泽面积为56.88平方公里。干流扎那曲段流域内沼泽面积14.72平方公里。澜沧江源区沼泽分有草、无草两种，有草沼泽面积287.69平方公里，占沼泽总面积的88.52%。无草沼泽面积37.3平方公里，

杂多县昂赛乡丹霞地貌（2021年8月）

占沼泽总面积的 11.48%。干流扎那曲段和扎阿曲、阿曲（阿涌）流域内的沼泽一般都有茂盛的牧草，只是陇冒曲、尕郡曲、查麦农、马日曲等流域内沼泽不长牧草。大多数沼泽地人能通行。

澜沧江源区气象水文

澜沧江源区具有典型的青海高原气候特征，冷季长达 8~9 个月，暖季仅有

3~4个月，多年平均气温 -4.2~-0.2℃。

澜沧江源区降水多集中于每年6—9月，降水量东部多于西部，随海拔升高而减少，海拔4290米以下的河谷地带，年降水量450~520毫米，海拔较高的源头地区年降水量减至380~420毫米。年平均蒸发量为1458.6毫米。

澜沧江源区径流来源为降水和冰雪融水补给，由于下垫面多为基岩，地表径流比较稳定，平均年径流量24.85亿立方米。澜沧江源区气候另一个特点是风多风大，除了雪灾，风沙也是源区的一大自然灾害。

气候特征　澜沧江源区具有典型的青藏高原气候特征，气温低，分冷季和暖季。冷季长达8~9个月，暖季仅有3~4个月。据杂多县气象站资料，多年平均气温 -4.2~0.2℃，1月气温 -16.8~ -11.2℃，7月气温10.6~17.1℃，气温年较差21.8~25℃。不小于0℃的年积温1306.3℃。年日照时数2202~2480小时，年蒸发量1458.6毫米，年太阳辐射总量549.58~651.13千焦每平方厘米。降水量随着海拔升高而减少，东部多于西部，南部大于北部，河谷又多于其他地带。降水多集中于6—9月。位于海拔较低的阿多乡、扎青乡等地的扎曲流域，在海拔4290米以下河谷地带，年降水量450~520毫米。海拔较高的西部源头地区，年降水量减至380~420毫米，气候愈加寒冷而干旱。澜沧江源区气候的另一个特点是风多风大，年均大风（不小于8级）日数在66天以上，沙尘暴日10.5天，除8月盛行偏东风外，其余各月则盛行偏西风，平均风速为2~4米每秒。

水文特征　澜沧江源区水资源丰富。干支流径流来源稳定，雨雪混合补给，加上高寒地区蒸发量小，径流系数较大，年内分配最大值出现在7—8月。干流扎曲所经地带多为高山峻岭，河床深切，水流湍急。干流到杂多县城，河床平均比降0.67%，多年平均流量78.81立方米每秒，年径流总量24.85亿立方米，河口水面宽50~55米，平均水深1.5~1.7米，流速1.0~1.5米每秒，流域平均年径流深236.6毫米。支流因流域地形、汇水面积不同，水文特征值相差很大。大多数支流多年平均流量在1立方米每秒以下。多年平均流量在1立方米每秒以上的一级支流有11条，即陇冒曲、查日曲、扎结曲、扎阿曲、色汪涌曲、阿曲（阿涌）、日啊涌、永崩涌曲、巴青涌、布当曲和科空涌曲。

澜沧江源区内流量最大的一级支流是扎阿曲。多年平均流量19.60立方米每秒，年径流总量6.18亿立方米，河口水面宽28米，平均水深0.8米，流速2.3米每秒。列为第二位的一级支流布当曲，多年平均流量16.5立方米每秒，河口水面宽25米，平均水深1.0米，流速2.0米每秒，年径流总量5.2亿立方米。

土壤　澜沧江源区由于地形高差变化和水热条件的差异，各部位土壤类型有所不同。

（1）高山寒漠土。高山寒漠土分布在海拔4900米以上的山体顶部、分水岭脊、古冰碛平台。土壤寒冻期长，脱离冰川影响最晚，成土年龄最短。由于强烈的寒冻风化，地表遍布碎石屑，不能形成连片土被。石面多见淡棕、黑色的岩漆，细土部位生长一些中生耐寒的草本及苔藓等植物。土层浅薄，通体粗骨。

（2）高山草甸土。高山草甸土主要分布在海拔4400～4900米之间的扎青乡格青涌与阿多乡阿涌一线以东的地区，莫云乡、查旦乡一带海拔4800～4900米处也有不连续岛状分布。所在地形有山体阴坡和阳坡、河谷阶地及部分较平缓的山体顶部等，气候寒冷、湿润。成土过程中不受地下水影响，草甸过程是其主要的成土过程。根据其发育分段，基本成土过程的对比及碳酸钙淋、淀程度的差异，可分为原始高山草甸土、碳酸盐高山草甸土、普通高山草甸土和高山灌丛草甸土4个亚类。

1）原始高山草甸土位于高山寒漠土之下，海拔在4800～4900米之间，地面坡度多在35～45度之间。岩石裸露，草甸呈斑块状，平均覆盖度30%左右，土层厚度小于25厘米，土体构型简单。

2）碳酸盐高山草甸土主要分布在阿多乡以东海拔在4300～4800米之间的山地阳坡、扎曲河两岸阶地，以及西部莫云乡、查旦乡海拔在4700～4800米之间。草皮层坚韧而具弹性，常见斑块状剥蚀。较普通高山草甸土淋溶弱，通层或中下层有石灰反应，常见斑点状石灰新生体，土体较干燥，土层较浅薄。根据表层剥蚀程度，可分为碳酸盐高山草甸土和侵蚀碳酸盐高山草甸土两个土属。碳酸盐高山草甸土主要分布在扎曲河两岸平缓阶地及部分山地阳坡，表层剥蚀面积小于10%，通层具有石灰反应。侵蚀碳酸盐高山草甸土所在地形多为阳坡、半阳坡及山前河谷阶地，成土母质多为石灰岩、砂岩、页岩、板岩等岩石的风化残积物、坡积物、冲积物和洪积物等。地表常有不规则多边形裂缝，在鼠害、水蚀、风蚀等侵蚀作用下，表层逐渐呈斑块状剥落，秃斑面积10%~80%。在扎青乡西部和阿涌一带部分地区，草皮已基本剥蚀无遗，造成砂砾化，成为蚀余黑土。

3）普通高山草甸土主要分布于县境中部阿多一带的山地阴坡，东部扎青乡一带海拔在4400米以上的部分阳坡也有分布。成土母质多属坡积、残积物等。生草过程形成的草皮层不太坚韧，覆盖度大于80%。一般不具石灰反应，部分剖面下部有石灰反应。这是因为母岩钙质胶结的结果。在表层以下有呈暗色的有机质层。土体较湿润，土层厚度40~60厘米。

4）高山灌丛草甸土，分布于海拔4300~4700米的阿多、扎青乡东部一带阴坡、半阴坡。灌丛植物占优势，灌丛下有草本植物。成土母质多为砂岩、页岩、板岩的风化坡积物或坡积残积物。土壤含水量较高，表层有机质积累丰富，一般大于10%。

（3）高山草原土。高山草原土分布于杂多县境西北部莫云滩等地区，所在地形属宽谷及起伏不大的岗坡地，海拔在4300~4600米之间。在高寒半干旱气候条件下，生长着高寒草原类植被，覆盖度达40%。表层无草皮层，地表散布小砾石，局部砂化。腐殖质层为暗棕色或灰棕色，钙积较为明显，下部可见石灰新生体。由于低温、半干旱，有机质仍可见少量积累，表层含量1%~3%。全剖面强石灰反应，尚未见盐化和碱化特征。

（4）沼泽土。沼泽土主要分布在西部莫云、查旦地区，自格青涌及阿曲向西面积逐渐增大，除排水良好的山顶等高亢部位外，在百里以上的整个滩地及平缓的山地均属此类土壤。由于地形较平缓，排水不良，加之土壤下部有永久冻土层，使融雪及降水不能迅速下渗，地表长期处于积水状态，形成沼泽。植被为湿生植物，覆盖度60%~80%。植物的死亡根系在寒湿条件下分解困难，以半分解的有机残体形式在土壤表层积累，形成泥炭层。沼泽土地表面有25%~30%的水蚀坑。根据泥炭层厚度可分泥炭土、泥炭沼泽土两类。泥炭土的泥炭层厚度大于 50 厘米，下部为潜育层或冻土，成土母质是坡积物，地表多水蚀坑，植物根系多，弱石灰反应。泥炭沼泽土的泥炭层厚度 30~50 厘米，下部是潜育层，底部多见冻土，成土母质为坡积物，地表多水蚀坑，土体潮、散，植物根系盘结有锈斑纹，无石灰反应。

（5）草甸土。草甸土分布在山高谷窄的河流两岸低阶地和河漫滩。直接受地下水季节性浸润，属半水成土壤，生长湿生或中生草甸植物。有较明显的草皮层，土体中下部多见锈斑、锈纹，土体湿润，土层小于 30 厘米，由于多属石灰性冲积母质，土壤呈强石灰反应。

植被 澜沧江源区自西北部到东南部，植被主要有高寒荒漠类、高寒草甸类、高寒沼泽草甸类、高山灌丛草甸类、高寒草原类等类型。

（1）高寒荒漠类。高寒荒漠类主要分布在源区内海拔 4900 米以上的山原和极高山地带，土壤终年呈冰冻状态，地表常被岩石碎屑所覆盖。只在山体低凹、流水间歇地方生长一些矮小稀疏草本及地衣植物。

（2）高寒草甸类。高寒草甸类主要分布在源区内海拔 4000~4800 米的滩地、河岸阶地及山体中下部、圆顶山和丘陵地带，上限可上升到 5000 米左右。以生长耐寒性强的中生多年生草本植物为主，种类有 200 多种。伴生种有早熟禾、紫羊茅、羊茅、垂穗披碱草、垂穗鹅观草、长毛风毛菊、乳白香青、火绒草和雪白委陵菜等。该类型植被生长期 80~130 天。年平均气温 -2~2.5℃，生长季不小于 0℃年积温 340~900℃，年降水量 380~480 毫米的环境条件下，很适合草甸植物的生长，覆盖度在 70% 以上，平均亩产鲜草 208.04 公斤、可食鲜草 165.14 公斤。由于大量的植物有机残体得不到充分分解而被积累下来，年复一年，根茎交错盘结，连片衍生，形成独特的草包。

（3）高寒沼泽草甸类。高寒沼泽草甸类主要分布在西部的莫云乡、查旦乡地区。年均气温在 -3℃ 以下，生长期 80~100 天，不小于 0℃年积温 500℃，年降水量 380~450 毫米，生长季降水量 220~300 毫米。沼泽植物主要生长在海拔 4200~4800 米之间的平滩洼地、宽谷、山体缓坡、垭口及排水不畅的地方。以西

囊谦境内高山羚羊（2019年7月）

藏嵩草占绝对优势，伴生种有异穗薹草、黑褐薹草、红棕薹草、粗喙薹草、驴蹄草、小金莲花、海韭菜等湿生、中生植物，牧草生长茂盛，覆盖度在80%以上，平均亩产鲜草193.36公斤，可食鲜草178.31公斤。高寒沼泽草甸仅出现在排水不良的低洼处和潜水出露地段，生长着沼泽类植物。

（4）高山灌丛草甸类。在澜沧江源区内扎青乡、阿多乡有零星分布。高山灌丛草甸类主要生长在海拔4400～4700米之间的阴坡、半阴坡，由寒冷中生或旱中生落叶阔叶灌木组成，以山生柳为优势种，还有鬼箭锦鸡儿、金露梅和西藏沙棘、百里香杜鹃等多种。灌丛下伴生线叶嵩草、异穗薹草、高山嵩草、早熟禾、羊茅草、珠芽蓼等。气候温湿，生长期可达120～160天，不小于0℃的年积温达730～1256℃，亩产鲜草150～180公斤。灌丛和草被植物生长良好，植株高，密度大。

（5）高寒草原类。高寒草原类主要分布在源区西部的莫云乡、查旦乡两个乡阶地。由于排水畅通，土层薄，砾石多，草皮层不明显，局部形成沙化，因而生长着草原植被。

玉树三江源志

通天河、代曲交汇

三江源地文

玉树三江源志

巴曲河

三江源地文

三 江 源 水 利

玉树三江源区拥有冰川和雪山丰富的储水量，是中国西北地区少有的水资源丰富地区。由于高海拔和气候原因，一直以畜牧业为主，在20世纪60年代以前只有为数不多的寺庙和村落有供水设施和农田灌溉的水渠。20世纪60年代以后，水利得到了空前的发展，农田水利、草场灌溉和农村饮水工程从无到有。2011年玉树特大地震后的灾后重建，开启了水土保持、生态保护工程建设历程，水利建设有了多方面的突破，得到全面发展。

水 利 遗 产

玉树州农业生产至少有1000多年的历史。长江、澜沧江两条大江的源头有通天河、子曲、扎曲、吉曲及其支流的河谷台地，藏族的先民在这些地方开发出小块耕地，镶嵌在玉树州高原河谷地带，营造出青藏高原半农半牧区。这些地区玉树州是最先由游牧走向定居的藏族人民，也由放牧进入了兼有饲养、种植的经济。玉树州的水利萌芽于这些地区。

玉树县相古寺渠　三江源地区的河谷地带是玉树州小规模农业区，农田预计20余万亩，是以青稞为主兼有少量的小麦、大麦的旱作农业。水资源开发利用最早的应是水利工程，即在天然河流引水，形成冲击水轮的水力条件，架设水磨、水碾，来加工谷物、药材，甚至推动转经轮。历史最长且仍在发挥作用的水利工程是玉树市巴塘乡相古寺的水利工程。相古寺水利系统分为山地和谷地两个系统。

玉树相古寺（2021年6月）

山地引地表径流，灌溉农田 200 亩。相古寺渠灌溉林地，并为 10 余处水磨提供动力。相古寺水利工程有水渠、水闸、渡槽等。相古寺水利工程始建时间不详，相古寺是 19 世纪从西藏内迁玉树的寺庙，据此，这一工程约有 200 年的历史，是青藏高原少有的留存至今的古代水利工程（见灌溉相古村农田及灌溉设施图）。

相古寺的山地渠道分布山间坝田，这些地方在海拔 3500 米上下，海拔相对较低，年平均降水量超过 500 毫米，是玉树州青稞的主要产地。每年 6 月雨季正好是青稞生长期，旱作一季只浇一水便可有收。山地渠道引溪流灌溉，只需要极少的设施便可满足（见灌溉相古村农田及灌溉设施图）。相古寺谷地的渠道则是水利工程设施，引溪流入渠，形成稳定的势能，冲动水磨来加工粮食。每处水磨都有所属的村社和管理者。今天仍在运用的卡沙上下水磨、龙日水磨、相古水磨、绵古水磨就是以所有者命名的（见古老的水利工程——相古水磨图）。

（a）相古村农田（2018年） （b）引水渠（2018年）

（c）原木渡槽

灌溉相古村农田及灌溉设施图

（a）相古寺渠及节制设施

（b）古代水利工程体系（引水渠及水磨房前池）

（c）相古村水磨房前池及节制闸

（d）相古村水磨房前池及进水闸

古老的水利工程——相古水磨图（一）（2018年）

（e）水槽及水轮：引水冲击水轮作功 　　　　　（f）水磨房：水磨正在加工青稞

古老的水利工程——相古水磨图（二）（2018年）

囊谦县白扎盐田水利系统　白扎盐场位于囊谦县白扎乡，白扎意为猴子舔盐，白扎盐为井盐，盐泉分布在山麓处，通过水利措施引取盐卤。白扎盐场前身是《格萨尔》史诗中的达吾盐湖，湖水退去，凿井提取盐泉，开沟渠、修筑梯田，引盐泉入田晒制成盐。盐田占地六十亩，每年4月引山麓处盐泉入于田中，开始晒盐，至9月、10月收盐。白扎盐场具有井、引水渠和排水沟等工程设施，距今约有1000年历史。白扎盐呈红色，古代远销西藏、尼泊尔、印度，现在仍行销藏族聚居区（见囊谦白扎盐田及水利工程设施图）。

水　利　工　程

城乡供水工程　玉树农牧饮水工程始于20世纪80年代。截至2011年，玉树州共有农村供水工程1677处，其中集中式供水工程72处，分散式供水工程1605处。玉树州农村供水工程总受益人口77342人。2010年灾后重建以来修复了损毁工

（a）盐井及盐田 　　　　　　　　　　　（b）盐井

（c）盐梯田 　　　　　　　　　　　（d）盐田引水/排水设施

（e）白扎盐井

囊谦白扎盐田及水利工程设施图

程，并新建了一批供水工程。截至2017年，玉树州共有供水工程3522处，受益人口26.64万人，基本涵盖了城乡饮水供给。至2017年三江源区实现了牧区供水保障（见玉树州农村供水工程数量及受益人口数量汇总表）。

玉树州农村供水工程数量及受益人口数量汇总表（截至2017年）

行政区	工程数量/处	设计供水规模/立方米每天	日实际供水量/立方米每天	受益人口/万人	农村人口数/万人	供水入户人口/万人
玉树州	3522	44790	42846	26.64	26.64	6.52
玉树市	242	14587	14587	6.60	6.60	1.84
囊谦县	75	18214	18214	7.00	7.00	2.65
称多县	662	7902	6322	5.29	5.29	0.59
治多县	334	892	842	1.84	1.84	0.39
杂多县	1681	2076	2076	3.90	3.90	0.67
曲麻莱县	528	1119	805	2.02	2.02	0.39

水土保持工程　在2000年以前，玉树州的水土保持工程几乎是空白，19世纪以来全州境内乱砍滥伐、乱挖滥采严重，三江源区水土流失和洪涝灾害日益严重。至20世纪末，黄河源水量比多年平均减少25%。水土流失使长江、黄河、澜沧江的含沙量越来越高，导致下游河道泥沙淤积越来越严重。

21世纪以来，随着三江源自然保护区成立，水土保持得到了逐渐重视。玉树州于2001年成立了"玉树州水土保持预防监督站""玉树州水土保持工作站"，此后各县相继成立"两站"。

根据国家及青海省全国水土保持区划，玉树州6县（市）属"三江黄河源山地生态维护水源涵养区"三级区（见玉树州水土保持区划分区表）。

玉树州水土保持区划分区表

行政区	国家三级区名称	青海省水土保持区划名称	县（市）	县域总面积/平方公里
玉树州	三江黄河源山地生态维护水源涵养区（Ⅷ-2-2wh）	黄河源山原河谷水蚀风蚀水源涵养区	称多县	4601.77
			曲麻莱县	15858.28
	三江长江源山地生态维护水源涵养区（Ⅷ-2-2wh）	长江-澜沧江源高山河谷水蚀风蚀水源涵养区	玉树市	15411.54
			杂多县	35519.14
			称多县	10016.51
			治多县	31438.43
			囊谦县	12060.66
			曲麻莱县	30777.28
		可可西里丘状高原冻蚀风蚀生态维护区	治多县	49203.52

根据水利部《全国水土保持规划国家级水土流失重点预防区和重点治理区复核划分成果》，玉树市、囊谦县、称多县、治多县、杂多县、曲麻莱县属于"三江源国家级水土流失重点预防区"。

玉树州在水土保持方面采用了工程措施、植物措施和其他措施。截至2012年，全州采取各类水土保持措施保存的治理面积888.62平方公里。其中工程措施23.27平方公里，植物措施619.32平方公里，其他措施246.03平方公里。

中小流域综合治理工程 1990—1994年，实施孟宗沟小流域综合治理工程，完成治理面积8.5平方公里。孟宗沟小流域地处长江源区玉树市结古镇境内，流域面积20平方公里，是结古镇巴塘河支流。沟内山洪、泥石流等水土流失地质灾害暴发频繁，工程完成后取得了较好的效果，缓解了玉树州政府所在地玉树市的山洪灾害威胁。2007年孟宗沟水蚀小区水保监测站建成，三江源生态监测项目的综合站点之一，承担着三江源区水土保持监测任务。2010年玉树地震后，孟宗沟遭受次生地质灾害。在灾后恢复重建中，实施了投资规模达800万元的结古镇孟宗沟水土流失综合治理工程，完成封育454.35平方公里。

至2019年年底，相继完成的小流域治理工程还有称多县细曲河流域综合治理工程，治理水土流失面积 23.8 平方公里，其中造林 10020 亩、种草 4800 亩、封禁 20400 亩、坡改梯 7200 亩，完成石谷坊 72 座。囊谦县坡耕地综合整治工程，整治强曲河谷坡耕地、香曲河谷片坡耕地、扎曲河谷坡耕地共计 1 万余亩。工程投资为 1000 万元。

中小流域水源地涵养工程 2015 年以来，实施的玉树州小流域水源涵养工程，涉及长江源区的治多县索加乡君曲村、扎河乡达旺村、治渠乡江庆村、多彩乡当江荣村、立新乡岗察村、加吉博洛格镇改查村等水土流失预防工程，治理面积 365.1 平方公里。澜沧江源区的杂多县佐青沟、解曲河、日历沟、阿曲河等河源区水源涵养工程，治理面积 430 平方公里。黄河源区曲麻莱县麻多乡、秋智乡色吾曲、勒玛曲、约古宗列曲、曲麻河等河源区水源涵养工程，治理面积 435 平方公里。三江源水源涵养区总面积 1230 平方公里，截至 2020 年工程全部完成。

防洪工程 玉树州水利局管辖的河流有通天河、巴塘河、扎西科河、聂恰河等。玉树州河道管理工作由水旱灾害防御中心、水资源科（河湖长办公室）以及水利综合行政执法监督局等部门管理。

20 世纪 80 年代以后玉树开始兴建防洪堤。堤防工程主要分布在州、县城区以及河道险工段。截至 2011 年，玉树州共有堤防总长度为 28.94 公里。震后兴建和除险加固防洪工程，城区防洪能力普遍提升。2016—2017 年，新建堤防 63.38 公里。实施防洪工程 11 项，完成投资 13720.53 万元，治理河道长 56.78 公里。

（1）通天河防洪工程。长江上游通天河防洪工程包含巴塘河、聂恰曲和德曲三处。共有防护堤段 29 处，总共治理河道长 38.37 公里，其中堤防 40.65 公里、护岸 14.26 公里、排洪渠 9.89 公里。工程等级为 Ⅳ 等小（1）型。防洪标准县城段为 30 年一遇，乡（镇）段为 20 年一遇，农村段为 10 年一遇。堤防的工程级别按不同保护对象防洪标准定为 30 年一遇的县城段为 3 级，20 年一遇的乡（镇）段为 4 级，10 年一遇的农村段为 5 级。

（2）结古镇巴塘河、扎西科河防洪工程。2003 年，扎西科河下游段开始修建左右岸堤防，分别长 200 米和 300 米。

2010年地震后，扎西科河、巴塘河河道治理工程为玉树州灾后重建项目十大标志性工程之一，总投资约1.6亿元。修建了巴塘河防洪堤17.13公里，扎西科河防洪堤7.71公里。此外还包括了东尼格、色青龙大沟、增乐沟、普措达赞沟四条沟道治理，工程分两期实施。

（3）下拉秀镇防洪工程。下拉秀镇防洪堤长5.65公里，排洪渠1.1公里；亲水台阶10处。工程总投资2349.43万元。工程于2016年7月25日开工，2017年7月25日完工。修建了镇后山坡导洪渠、龙西寺沟排洪渠、寺院沟道排洪渠以及其他排洪渠和谷坊等。

（4）囊谦县毛庄乡防洪工程。囊谦县毛庄乡防洪堤长3.84公里。其中涌曲河2.99公里，毛庄河0.85公里。工程总投资1897.27万元。

（5）结古镇城区排洪沟工程。结古镇城区排洪沟工程包括结古城区北山德念沟、沙松沟、热吾沟、折龙沟、琼龙沟、新寨沟等6条排洪沟，南山的孟宗沟、代莫沟、当代沟等3条排洪沟，共计长10公里。2011年10月建成，防洪标准达到30年一遇，该工程为结古镇的防洪度汛的有力保障。

（6）藏娘沟防洪工程。藏娘沟防洪堤长1.96公里，排沙渠6.3公里，截洪渠1.18公里，拦沙坝6座，亲水台阶4处，车桥2座。工程总投资为1839.6万元，2011年开工，当年竣工。

（7）称多县细曲河防洪工程。为称多县城的防洪工程，于2011年7月开工，同年11月竣工，防洪堤长16.69公里，排洪渠3.89公里。工程投资2942万元。

（8）玉树市（区）山洪泥石流整治工程。玉树市（区）扎西科街道德念沟整治工程，于2016年12月20日开工，2017年6月30日完工。治理德念沟长490米；新建排洪涵管490米、检查井11座。防洪渠建成后，缓解了玉树市结古镇的防洪压力，提高了达举路人口聚居区防洪安全保障。修建内容为：市（区）危险区域防洪及卡孜村一～三社山洪沟道治理，2016年12月开工，2017年6月完工。通过沟道治理，修建拦砂谷坊、排洪渠等工程措施，使城区山沟达到10年一遇的设计洪水标准，工程还完成了区域内车便桥和踏步的建设，并有效地改善了市政设施。

灌区工程　三江源区以畜牧业为主，小块农业区分布在河谷地带，具有较好的水源条件。受空间地域和自然条件的限制，玉树州农田水利基础设施至20世纪80年代以后才缓慢起步，2010年玉树大地震后的灾后重建优先安排了设施农业区、低丘缓坡和经济园区等地区的农牧区水利建设。新发展阶段分为两个方面：一方面，积极推进设施农业和人工草场的规模化，加强水利配套的建设；另一方面，加大建设农牧区的水利基础设施及灌区续建配套与节水改造，在有条件的地区实施新建灌区工程，推行农牧区高效节水灌溉。

2011年，玉树州共有设计灌溉面积50（含）～1万亩的灌区11处，设计灌溉面积约1.99万亩；共有耕地灌溉面积及园林草地等非耕地灌溉面积约2.01万亩，其中耕地灌溉面积约1.96万亩，园林草地等非耕地灌溉面积0.05万亩。"十二五"期间改善灌溉面积7000多亩。"十三五"期间，将农田灌溉、饲草料灌溉工程等列入规划72项，截至2017年，完成22项，改善草原灌溉面积1.31万亩、农田灌溉面积1.50万亩，解决9个贫困村；2017年解决农田及草原节水灌溉面积1.85万亩（见玉树州灌区建设汇总表和玉树州耕地灌溉面积及园林草地等非耕地灌溉面积汇总表）。

玉树州灌区建设汇总表（截至2017年）

行政区	合计 数量/处	合计 总灌溉面积/万亩	2000～10000亩 数量/处	2000～10000亩 总灌溉面积/万亩	50～2000亩 数量/处	50～2000亩 总灌溉面积/万亩
玉树州	11	1.986	1	0.3	10	1.686
玉树市	1	0.038	0	0	1	0.038
囊谦县	9	1.798	1	0.3	8	1.498
称多县	1	0.15	0	0	1	0.15
治多县	0	0	0	0	0	0
杂多县	0	0	0	0	0	0
曲麻莱县	0	0	0	0	0	0

玉树州耕地灌溉面积及园林草地等非耕地灌溉面积汇总表

行政区	合计/万亩	耕地灌溉面积/万亩	园林草地等非耕地灌溉面积/万亩
玉树州	2.0081	1.9581	0.05
玉树市	0.0551	0.0551	0
囊谦县	1.803	1.803	0
称多县	0.15	0.1	0.05
治多县	0	0	0
杂多县	0	0	0
曲麻莱县	0	0	0

农田灌溉工程 自20世纪80年代至21世纪前10年，是玉树州的农田灌溉从无到有的最早发展阶段，最近10年农田灌溉取得了长足的进步。主要农田灌溉工程如下。

（1）囊谦县娘拉乡下拉村农田和蔬菜基地灌溉工程。囊谦县娘拉乡下拉村农田灌溉工程于2010年完成。建设资金来源为以工代赈资金及县自筹。建设规模为：新建V等小（2）型灌溉工程，灌溉面积为1350亩。新建引水枢纽1座，引水干管2.5公里，其中总干管0.12公里，一号干管1.58公里，二号干管0.8公里。干管分水井1座，干管分水口8座，支渠8条，分水口90座。

同年，娘拉乡蔬菜基地灌溉工程完工。兴建引水枢纽1座，衬砌渠道5.75公里。其中：主干渠2.0公里，引水渠1.5公里；建设渠系建筑物620座；改善灌溉面积414亩。

（2）称多县拉布乡郭吾村农田灌溉经及喷灌工程。2010年6月，国家发展和改革委员会下达称多县拉布乡郭吾村农田灌溉工程中央预算项目，以工代赈补助资金180万元，完成水渠衬砌5公里，建设渠系建筑物51座，新增灌溉面积500亩。

2016年6月，拉布乡郭吾村半自动化农田喷灌工程竣工。农田喷灌区实现了夏卓麻琼蕨麻、西藏黑青稞、藏茶、汉藏药材等特色作物与洋芋、蔬菜的间种，种植面积80亩，提高了农田产值。

（3）草原灌溉。2017年，玉树实施农田水利灌溉及草原灌溉试点项目，总投资3900万元，其中玉树市和称多县草原灌溉试点项目各1000万元，囊谦县农田水利灌溉项目1900万元。项目实施提高了牧区牧草的产量和品质，草原生态得以有效保护。

最近十余年来，玉树州开展了人工饲草料基地的水利配套设施建设，较大幅度地增加了牧民收入，改善牧区生产生活条件。主要的饲草料基地灌溉工程如下：

（1）玉树市饲草料基地。玉树市饲草料基地位于东南部巴塘乡铁力角村，平均海拔3847.17米，涉及巴塘乡铁力角村、隆宝镇措多村、措美村、措桑村、下拉秀镇钻多村。工程共修建管道60712米、各类井299座、有坝引水口1座、500吨蓄水池1座，配套给水栓1055套、水表17套等。工程控制饲草料基地灌溉面积4142亩，总投资2004.75万元。

（2）囊谦县饲草料基地灌溉工程。囊谦县饲草料基地灌溉工程受益乡包括毛庄乡、着晓乡、吉曲乡、香达镇、白扎乡、东坝乡、娘拉乡等48个牧草基地灌溉工程。兴建了引水口43座，干管607.28公里、支管1320.56公里，出水池35205座、排水井18100座、给水栓35205座、阀门井9300个。

（3）称多县饲草料基地灌溉工程。称多县饲草料基地灌溉工程涉及珍秦镇嘉唐、扎朵镇雪吾滩（革新村）、清水河镇当达村饲草料基地。建设管道508公里、引水口18座、蓄水池18座、减压井48座、沉砂池34座、分水井1608座、量水设施1178座。

（4）治多县饲草料基地灌溉工程。治多县饲草料基地灌溉工程含治渠乡同卡村、加吉博洛镇军永滩、多彩乡岗切拉滩、索加乡查若滩、治渠乡青机贡、立新乡扎西村、永科滩、扎河乡夏末滩等饲草料基地。建设项目：管道长度338公里，引水口15座，蓄水池15座，沉砂池23座，分水井551座，量水设施617座。

（5）杂多县饲草料基地灌溉工程。杂多县饲草料基地灌溉工程分布在吉曲左岸和布当曲右岸饲草料基地，完成引水口17座，首部设施8套，泵站8座，干管

360公里，支管744公里，出水池20328座，排水井10451座，给水栓10356座，阀门井5370个，喷头12500个。

（6）曲麻莱县饲草料基地灌溉工程。曲麻莱县饲草料基地灌溉工程使曲麻莱县约改镇、巴干乡、叶格乡、秋智乡、曲麻河乡等饲草料基地受益。完成工程包括：管道长度899公里、引水口45座、蓄水池45座、减压井104座、沉砂池45座、分水井1498座、量水设施1592座。

三江源生态保护工程

2003年1月，国务院批准在三江源建立自然保护区——三江源保护提升为国家战略，保护区约90%在玉树州境内。2006年，青海省委、省政府取消了对三江源地区的GDP考核。2010年，玉树地震重建后，玉树州党委和政府确立了生态立州战略，水资源和水生态成为三江源生态功能的重要组成部分。2005年和2013年，国务院先后批准通过了总投资235.6亿元的青海省三江源自然保护区生态保护和建设一期、二期工程；2016年，我国首个国家公园体制试点在三江源地区正式启动。

2016年玉树州被列为青海级水生态文明试点区后，玉树州按照"一心两线三源六点，建设中华水塔，美丽高原六城水系"发展思路，实施水生态文明"青海样本"建设。一心指以三江源水源涵养能力为核心。两线指澜沧江和通天河水利风景区，打造两条河流的生态廊道。三江源指长江、黄河、澜沧江源头水源地保护。六点指州等六县（市）城镇的水生态综合治理，美化宜居环境。

玉树州三江源生态保护和建设工作在党中央、国务院的关怀下，在青海省委、省政府的领导下，经过10多年的努力，完成了三江源一期生态工程，为我国三江源国家公园建设和管理积累了经验。

2016年9月，三江源生态保护和建设一期工程竣工验收。项目实施以来，通过退牧还草、湿地保护、水土保持、生态移民、小城镇建设等3大类22项工程，取得了相应成效。10年间，玉树州荒漠净减少185.31平方公里，平均产草量为618.81千克每平方公里，植被覆盖度明显好转的面积为13.3%。湿地面积增加1000多平方公里，生物多样性明显增强。

与 2005 年相比，森林新增覆盖面积达 3.74 万亩，玉树州有林区蓄积量每五年增长 0.1%，增加森林管护人员 750 人。项目实施后，三江源区水资源量共增加 80 亿立方米，由 10 年前的 384.88 亿立方米增加到 408.9 亿立方米，相当于增加了 560 个西湖湖面的面积，生态系统水源涵养能力明显提高。建立国家级自然保护区后，隆宝湖黑颈鹤由原来的 22 只增加到 216 只，斑头雁由原来的 800 只增加到 10000 只，可可西里藏羚羊由保护前的 2 万只增加到 10 万多只，恢复野牦牛 5000 多头、藏野驴 8000 头、棕熊约 120 头，雪豹等野生动物种群明显增多。

自 2005 年以来，玉树州实行了饲料粮补助、燃料补助、困难补助、草原奖补等相关政策，草原奖补资金累计兑现 56460 户，受益人口达 234771 人，当地农牧民人均纯收入年均增长 10% 以上。

2017 年 4 月 21 日，玉树州州长才让太组织治多县县政府、曲麻莱县县政府、州水利局、可可西里国家级自然保护区管理局主要负责人，赴北京参加"三江源水生态文明建设高层研讨会"。研讨会由《中国水利》杂志专家委员会主办，水利部水资源司指导，青海省玉树州人民政府、青海省水利厅协办，中国水利报社、水利部水资源管理中心承办，旨在针对三江源生态保护及水生态文明建设中的重大问题，交流实践经验，吸纳专家智慧，促进"中华水塔"坚固而丰沛，维护河湖健康生命，保障国家水安全。水利部时任总规划师张志彤出席会议并致辞；中国科学院院士孙鸿烈、中国工程院院士王浩作主题发言；青海省水利厅、玉树州政府负责人分别介绍了三江源水生态文明建设情况和玉树的历史地理情况及改革发展现状。水利部有关司局和环境保护部生态司代表、中国科学院、清华大学、中国水利水电科学研究院、长江科学院、黄河水资源保护科学研究院、北京水木维景城乡规划设计研究院等科研院所、高校和规划设计单位的专家学者参加了研讨。

玉树州州长才让太在研讨会上做了《玉树三江源生态保护行动》的报告，与会专家学者对玉树州保护三江源的工作予以高度评价。《中国水利》杂志 2017 年

（17期）发行了《三江源水生态文明建设特刊》。

三江源生态保护规划实施　迄今为止共实施三江源生态保护规划项目两期。

第一期（2006—2012年）生态保护三大类：一是退牧还草和草原治理。对已开垦草原实施还草、退耕还林、生态恶化土地治理、森林草原防火、草地鼠害治理、水土保持和保护管理设施与能力建设等建设内容。二是农牧民生产生活基础设施建设项目，包括生态搬迁工程、小城镇建设、草地保护配套工程和人畜饮水工程等建设内容。三是生态保护支撑项目，包括人工增雨工程、生态监测与科技支撑等建设内容。

第二期（2013—2020年）生态保护实施面积从1523平方公里增至3950平方公里，包括两大类，目标是：到2020年，林草植被得到有效保护，森林覆盖率由4.8%提高到5.5%，草地植被覆盖度平均提高25%~30%；土地沙化趋势得到有效遏制，可治理沙化土地治理率达到50%，沙化土地治理区内植被覆盖率30%~50%；湿地生态系统状况和野生动植物栖息地环境明显改善，生物多样性显著恢复；农牧民生产生活水平稳步提高，生态补偿机制进一步完善，生态系统步入良性循环；水土保持能力、水源涵养能力和江河径流量稳定性增强，减少水土流失5亿吨，水源涵养量增加13.7亿立方米，长江、澜沧江水质总体保持在Ⅰ类，黄河Ⅰ类水质河段明显增加。

黑土滩治理　玉树州加强草原生态建设，逐年开展退化草地治理，极大地改善了草地生态环境，遏制了"三化"（黑土滩、沙化、盐碱化）土地迅速蔓延的趋势。

2013年，玉树州黑土滩综合治理任务为131.96万亩。治理前期，共完成黑土滩综合治理面积42.31万亩，占计划的32.06%。所有任务在当年9月之前全部完成。

2015年，玉树州黑土滩综合治理项目任务共42万亩，项目总投资6299万元。其中玉树市7.5万亩，国家投资1125万元；囊谦县2万亩，国家投资300万元；称多县8.55万亩，国家投资1282万元；治多县6.9万亩，国家投资1035万元；杂多县1.95万亩，国家投资292万元；曲麻莱县15.1万亩，国家投资2265万元。截至2015年6月6日，完成综合治理40.32万亩，占计划治理任务的96%。其中玉树市完成7.5万亩，占计划治理任务的100%；囊谦县完成2万亩，占计划治理任务的100%；称多县完成7.5万亩，占计划治理任务的88%；治多县完成6.5万亩，占计划治理任务的94%；杂多县完成1.95万亩，占计划治理任务的100%；曲麻莱县完成14.87万亩，占计划治理任务的98%。到2015年6月15日所有项目全面完工。

水电工程 玉树州境内河流纵横、湖泊众多，既有广阔的流域面积，又有充足的水资源供给库——冰川，水资源极为丰富。尤其是长江、澜沧江水量丰沛，落差大，具有坡陡流急的特点，而且水质清澈，含沙量少，具备发展水电的良好条件，但由于地域高寒、交通闭塞，开发利用难度较大。

20世纪60年代以来，玉树州水电站建设在国家和青海省出台的优惠政策鼓励与自身优势条件下，逐步形成了快速发展的态势。截至2004年年底，玉树州共有水电站25座，总装机容量17417千瓦，部分水电站被合并或停运。截至2011年，玉树州共有水电站16座，装机容量32010千瓦。其中，已建成规模以上水电站10座，装机容量19960千瓦；在建水电站2座，装机容量11300千瓦。全年发电量为15145.13万千瓦时。截至2017年，玉树州正常运行的水电站有16座，装机容量45660千瓦。

1996年开始，国家将玉树州玉树县列入第三批农村水电初级电气化县，使玉树县小水电事业开始了新的发展阶段。进入21世纪以来，玉树州遵照国家的统一部署，实施了"十五"水电农村电气化县建设，使玉树县达到水电农村电气化县标准。

水电事业的发展，促进了玉树州农牧业生产的快速增长，提高当地人民群众的物质生活和文化水平，减少了林草砍伐，有效地保护了三江源区植被。

重点水电站工程

（1）禅古水电站。禅古水电站系巴曲河梯级水电站之一，位于玉树州巴曲河上游禅古村境内，距州府结古镇7公里。工程于1997年开工，建成于1999年。低坝混合式水电站，总装机容量为4800千瓦（3×1600千瓦），设计净水头40.4米，引用流量4.76立方米每秒，年发电量2400万千瓦时。玉树2010年"4·14"地震发生后，进行了震损处理。

（2）龙青峡水电站。龙青峡水电站位于澜沧江上游杂多县萨呼腾镇境内，距县城7公里，距结古镇223公里。水电站于2004年4月开工，2006年11月7日建成发电。总装机容量2500千瓦（2×1250千瓦），坝后式水电站。

（3）聂恰二级水电站。聂恰二级水电站位于治多县县城以下14公里处的聂恰曲下游流段上，水电站距玉树州州政府结古镇209公里，距曲麻莱县城约改滩镇28公里。2006年3月开工，2007年10月建成发电，总装机容量1500千瓦，该水电站总库容498万立方米，最大坝高21.9米。水电站为引水式，总装机容量1500千瓦（3×500千瓦），设计发电流量19.8立方米每秒，设计水头9.3米，水电站设计保证率80%，在天然来水情况下，保证出力478千瓦，保证流量6.51立方米每秒，多年平均发电量795万千瓦时，年利用小时数5300小时。

（4）查隆通水电站。查隆通水电站位于澜沧江干流一级支流子曲河上，位于玉树州玉树市下拉秀乡尕麻村，距玉树市结古镇120公里。水电站于2010年5月开工，2012年5月建成发电，装机容量为10500千瓦，年发电量4200万千瓦时，为河床式水电站。系玉树地震灾后重建重点项目。

（5）农村小水电。1958年以来，玉树县相继建成了东方红、西杭、上拉秀、下拉秀、安冲、仲达、小苏莽、相古等8座水电站，装机容量5050千瓦，年发电量1487万千瓦时，结束了玉树州无电的历史。截至2017年，玉树州运行水电站10座，其中中型水电站1座，小（1）型水电站5座，小（2）型水电站4座。2003年，玉树启动了以水电代燃料工程。截至2011年，玉树州建成的以电代燃料工程主要有浦口水电站、尕朵水电站、觉拉水电站等3座，现在均已停运，尕朵水电站已拆除。

河（湖）长制

2016年10月以来，玉树州全面推行河长制管理工作，以保护水资源、防治水污染、改善水环境、修复水生态为主要目标，构建"责任明确、协调有序、严格考核、保护有力"的河湖管理保护机制,为维护河湖体系健康发展、实现河湖功能永续利用提供制度保障。

2017年,完成了《玉树州河长制实施方案》编制,以及河湖名录登记,建立健全了长效运行机制。在全州"河长制"工作启动大会上进行了逐级授旗和签订责任书。玉树州共设立河长260名,其中州级河长5名,县级河长30名,乡级河长225名,并制定出台了"河长制六项制度",全州各县(市)、乡镇全部印发了河长制实施方案,设立了州级河长公示牌5座。共治理河道20条,动用机械60余台次,清淤长度达73.5公里,清淤垃圾40.8吨,治理河道长度7公里,改善了全州河湖生态环境。2017年完成了"一河(湖)一策"实施方案(见玉树河湖长名录表)。

玉树河湖长名录表(2020年)

序号	责任河湖	姓名	职务
1	总河湖长	吴德军	玉树州委书记
2		才让太	玉树州委副书记、玉树州政府州长
3	长江(玉树段)	蔡成勇	玉树州委副书记、玉树市委书记
4	黄河、扎陵湖(玉树段)	何勃	玉树州委常委、常务副州长
5	澜沧江(玉树段)	任永禄	玉树州委常委、副州长
6	吉曲河(杂多段)	袁浩宗	玉树州委常委、副州长
7	巴塘河(玉树市)、念经湖	江海梅	玉树州委常委、宣传部长
8	子曲河(玉树市)、白马海(江加多德)	赵小鹏	玉树州委常委、组织部长
9	当曲河(杂多县)	才旦周	玉树州委常委、杂多县书记
10	聂恰河(治多县)	雷文昇	玉树州委常委、政法委书记
11	香曲河(囊谦县)	李玉斌	玉树州委常委、纪委书记代监委主任
12	代曲河(曲麻莱县)	董晋林	玉树州委常委、曲麻莱县委书记
13	扎西科河(玉树市)、隆宝湖	扎西才让	玉树州政府副州长、玉树市市长
14	色吾河(曲麻莱县)	樊润元	玉树州政府副州长
15	吉曲河(囊谦县)	王心阔	玉树州政府副州长

续表

序号	责任河湖	姓名	职务
16	雅砻江（称多县）、阿木错、寇察错	尼玛才仁	玉树州政府副州长、称多县委书记
17	细曲河（称多县）	贾乃鸿	玉树州政府副州长
18	布当曲河（杂多县）	文森	玉树州政府副州长

河湖长制责任单位与职责

为加强河湖管理保护工作，落实属地主体责任，健全长效管护机制，持续推进玉树州水生态文明建设，切实履行保护三江源、保护"中华水塔"的重大责任，确保"一江清水向东流"。按照"范围明确、责任到位，措施到位"和"一岗双责、党政同责"的工作原则，构建责任明确、协调有序、监管到位、保护有力的河湖管理保护机制，维护河湖健康生命，筑牢国家生态安全屏障。

全面推行河湖长制工作领导小组：负责贯彻落实党中央、国务院、省委省政府、州委州政府全面推行河湖长制的决策部署，组织制定推行河湖长制工作重要政策措施，统筹协调全面落实河长制工作，研究解决重点难点问题。

玉树州河湖长制办公室：负责督办、分办、组织、协调河长制湖长制推进过程中的具体事务。

玉树州各级总河湖长：对本行政区域河湖管理保护负责，对河长制湖长制工作进行总督导，协调研究解决全面推行河湖长制工作的重大问题。

玉树州各级责任河湖长：是所辖河湖、水库保护管理的直接责任人。负责牵头组织开展所负责相应河湖水环境现状调查，督促制定水环境治理规划和实施"一河（湖）一策"方案。

玉树州委组织部：负责将河湖长制考核结果纳入党政领导班子和领导干部实绩考核评价体系，作为奖惩任用的重要依据。

玉树州委宣传部：负责宣传党中央、国务院、省委、省政府、州委、州政府关于河湖管理保护的方针政策和有关决策部署，推行河湖长制工作的进展、取得的成效及经验，为推行河湖长制工作营造良好舆论环境和社会氛围。

玉树州委统战部（民宗局）：发挥宗教界积极作用，教育引导信教群众合理放生。

玉树州委机构编制委员会：按照机构编制管理规定，负责核定落实河湖长制办公室机构和人员编制。

玉树州发展和改革委员会：负责协调推进河湖管理保护有关规划、重点项目实施，争取国家投资和政策支持。

玉树州教育局：负责指导和组织开展中小学生河湖保护管理教育活动。

玉树州工业和信息化局：负责推进工业企业（园区）污染控制和工业节水，协调新型工业化与河湖管理保护有关工作。

玉树州公安局：负责依法查处有关部门移送的涉及水资源管理保护、水污染防治、水域岸线管理保护等违法犯罪案件；打击破坏河湖环境，影响社会公共安全的违法犯罪行为。

玉树州司法局：负责配合编制和修订河湖管理保护有关法规规章。

玉树州财政局：负责落实河湖长办专项经费，协调河湖管理保护资金。

玉树州人力资源和社会保障局：负责推行河长制工作中表彰奖励的协调工作。

玉树州自然资源局：负责协调河湖治理项目用地保障、河湖及水利工程管理和保护范围土地确权。

玉树州生态环境局：负责水污染防治的统一监督指导，组织实施水污染防治计划，开展水环境质量监测，开展入河污染源的监督执法和达标排放监管，研究相关政策措施，协调和指导相关政策措施的落实，

玉树州住房和城乡建设局：负责全域无垃圾和禁塑减废专项治理，规范管理垃圾填埋场及污水处理厂，协调推进城市污水收集与处理、黑臭水体和生活垃圾处理等综合治理，提升垃圾资源化利用和无害化处理。

玉树州交通运输局：负责监管和加强涉河（湖）桥梁和道路的管理。

玉树州水利局：负责水资源保护、水功能区和跨界河流断面水质水量监测，

推进节水型社会和水生态文明建设，组织水域岸线登记及管理、河湖及水利工程确权划界、河道采砂管理、水利工程管理及养护、水土流失治理等，依法查处水事违法违规行为。负责河湖长制办公室的日常工作。

玉树州农牧和科技局：负责农业面源、畜禽养殖和水产养殖污染防治。督导农村生活污水、生活垃圾处理、农村河湖保洁，组织开展节约用水、水资源保护、水环境治理、水生态修复等。

玉树州文体旅游广电局：负责指导和监督旅游景区（点）内河湖管理保护。

玉树州卫生健康委员会：负责指导饮用水卫生监督监测和医疗废物废水处理。

玉树州应急管理局：负责修订防汛抗旱应急预案，充实防汛抗旱物资储备等工作。

玉树州审计局：负责水域、岸线、滩涂等自然资源资产离任审计。

玉树州林业和草原局：负责推进生态公益林、水源涵养林及水土保持林建设，推进河湖沿岸绿化和湿地保护与恢复。

玉树州乡村振兴局：负责配合做好生态补偿脱贫相关工作。

玉树州气象局：负责指导气象灾害防御工作。

曲麻莱草原溪流

三 江 源 人 文

三江源地区按照自然环境、经济、文化划分，可以分为宏观、中观、微观三个层面。宏观主要基于青藏高原的自然与人文环境，包括了玉树州、果洛州；黄南州的泽库县、河南蒙古族自治县；海南州的兴海县、同德县；海西州的唐古拉镇。中观层面从社会、经济、文化共性与差异性划分，三江源区则以玉树、果洛州为主。在中观范围内以行政区州为单位细分，即为狭义以县为单元的微观层面。本章在中观范围展开，以玉树州为主体。

区 域 简 史

考古发现新石器时期即距今约 4000 前后，玉树州西部可可西里盆地及沱沱河流域已有采集、狩猎和驯化、豢养动物的人类活动；在通天河中下游有了定居部族，在这些地区还发现了打制石器的遗址，发掘出数百件石片和石器。

殷商至汉代，玉树州为西羌地。《后汉书·西羌传》述："至爰剑曾孙忍时，秦献公初立，欲复穆公之迹，兵临渭首，灭狄獂戎。忍季父卬畏秦之威，将其种人附落而南，出赐支河曲西数千里；与众羌绝远，不复交通。"羌人与当地土著人形成的部落群体，史称"唐旄羌"。自此玉树西羌自外于中原数百年。

东汉时期，中原与西羌之间战争不断，几度西羌逼近都城长安（今西安）、蜀郡都城成都，反复重创东汉帝国。三国两晋南北朝时期中原与西羌之间广大区域失去祥和与平静，进入了更为频繁的冲突、动荡之中。这一时期，鲜卑族的南凉与吐谷浑前后进入青藏高原东南部，强化了这里游牧草原的文化性态。

7世纪时吐蕃日渐强盛，多弥、苏毗诸部相继被征服，成为向吐蕃王室纳贡的附属国之一。约在公元656年苏毗（孙波）王室为摆脱吐蕃统治，恢复旧国，与唐通好，多次派使臣、王子前往长安，苏毗女王被唐王封授"右监门中郎将"。公元756年，苏毗王子悉诺罗降唐，被封为怀义王，赐皇姓李。

9世纪中叶后，吐蕃王室分裂，各王室、贵族或部落首领各自称雄割据，形成了众多小邦分治的局面。玉树地区以聂恰河流域的嘎嘉洛部落最为强盛。12世纪中叶，四川甘孜藏族自治州康定折多山直哇阿路部族迁入玉树南部地区。1175年，直哇阿路于黎州（治今四川汉源）归顺南宋王朝，南宋颁发文册，承认登拉滩（今四川邓柯一带）、达金滩（今西藏昌都）、劳达秀（西藏三十九族据有达查地区）、杰爱虎（今囊谦吉曲）、羌柯马（今囊谦香达）、当卡佳（今囊谦桑珠）等6个部落1万户百姓为囊谦直哇阿路的领地和属民。这是中央王朝在玉树州境内行使权力之始。10世纪时通天河流域出现了半农半牧区，部分部落由游牧走向定居。

元朝玉树地区为吐蕃等宣慰使司都元帅府辖区。八思巴被封为大宝法王后，玉树地区成为他的领地，除囊谦部落外吐蕃人沦为蒙古贵族的奴隶。八思巴在颁给囊谦王的文册中称："根据宋代皇帝颁赐之文册中所列的囊谦辖区，一一予以承认。囊谦部落所属六部落、一寺院、四千户僧众、六千户俗民，继续由囊谦王管理"。

明朝中央政府在南宋和元朝管辖玉树的基础上，强化政教两方面的管制。洪武六年（1373年）明朝设朵甘卫，1374年朵甘卫升为行都指挥使司，把玉树地区纳入其管辖范围。永乐六年（1408年）封四世囊谦王申根巴日之弟、根蚌寺住持吉乎·桑周尖措为"功德自在宣抚国师"，并赐金印、象牙章，所颁文册中强调"凡属囊谦部落僧俗人等，均须服从囊谦王室管理"。

宣德年间，为了保障通往乌斯藏大道上的通天河渡口畅通无阻，赐喇嘛锦敦钻竹印文为"坚修口津"的象牙方印，负责管理通天河渡口事宜。宣德九年（1434年）在今玉树西部治多县境内置毕力术江卫，不派官员，以当地望族部落首领为卫官，管束各部落并迎送支应明朝往返乌斯藏使者。

崇祯十年（1637年）蒙古部落顾始汗率和硕特，由别失八里（今新疆乌鲁木齐）迁徙青海，玉树地区成为青海和硕特蒙古的势力范围。

清顺治三年（1646年），五世达赖赐囊谦王阿牛为"毛旺仁庆囊嘉"，辖玉树各部。

康熙三十七年（1698年），顾始汗第十子亲王达什巴图尔封赐囊谦王多杰才旺之兄陈林才旺塔生以"乌吉台吉"爵位，同时在文册上称他为朵得地区的"加宝"（藏语"王"之意）。另外，封赐拉秀、扎武、格吉麦玛、那仓等部落首领以"台吉"爵位。

雍正三年（1725年），清政府在西宁设立总理青海蒙古番子事务大臣衙门，直接管理青海各族，玉树地区归由西宁办事大臣统辖。至此结束了玉树州自外于中央近100年历史而重归中央政府所辖。雍正九年（1731年），西宁办事大臣达鼐奏请雍正皇帝勘定巴颜南称（囊谦）等藏族各部落边界。雍正十年（1732年）夏，西宁办事大臣、四川雅州知府、驻藏大臣等各派官员会同勘定青海与西藏疆界。勘界后确定巴彦南称等玉树四十族由西宁管辖，纳书克等三十九族属西藏。由西宁办事大臣给玉树地区各族颁发牌照，并按各部落族份大小分别任千户、百户及百长。雍正十一年（1733年），西宁办事大臣在玉树举行千百户会盟仪式，并开始征收玉树各族贡马银。雍正十二年（1734年），举行第二次玉树千百户会盟，参照内地土司制度任命巴彦南称为"千户"，任上阿里克族、下阿里克族、雍希叶布族、蒙古尔津族、年措族、固察族、称多族、歇武族、隆布族、安图、拉秀（阿拉克硕）、上扎武族（布庆）、下扎武族（拉达）、扎武、苏尔莽、苏鲁克族、白利族、羽巴、上隆坝族、下隆坝族、上格吉、下格吉、格尔吉族、玉树族、雅拉等部落"百户"24名，独立百长12名，散百长（千户属下）91名。是为玉树部族25族之由来。

乾隆元年（1736年），举行第三次玉树千百户会盟。清朝决定把会盟期限改为隔一年会盟一次。乾隆二年（1737年），举行第四次玉树千百户会盟。是年将会盟期限改为每三年一次。自此三年一次的玉树会盟制度，延续至1908年。乾隆三年（1738年），玉树地区发生大地震。乾隆皇帝批准玉树族、年措族、固察族、称多族、安冲族、典巴族、隆布族、下扎武族等8个部落给予永久免赋。玉树是藏文音译，意为"遗址"。相传玉树最早的部落垦布那钦部落所在的地方，是格萨尔王妃珠姆的诞生地（在今玉树州治多县境内），后部落以"玉树"为名。有清一代玉树延续土司制度。玉树土司在清朝时为囊谦千户属下的一个百户。因玉树土司辖区正当清朝官员往返西宁和拉萨之间的要津，清中期时以玉树四十族取代囊谦四十族的总称，号称玉树四十族，民国时期又称二十五族。

民国初年，玉树疆域为甘肃和四川两省相争多年。1929年青海建省，20世纪30年代勘划青海、四川、甘肃三省界，玉树划归青海。1951年，玉树藏族自治州建立，作为行政区正式出现在中国政区地图上。1958年，玉树地区废除土司制度。同年5月称多地区发生源自西藏，企图把藏族聚居区分裂出去的叛乱，迅速波及玉树全州，叛军围困各县政府驻地，打死党政干部和民警40余人。11月开始，历时一年平息暴乱。

从氐羌到藏族　氐羌是华夏古老民族之一，也是青海、四川、甘肃三省存续历史最长的民族，后演变为藏族、羌族、彝族、景颇族。今天的康巴藏族，是藏族亚文化的一个分支，其演变的主要文化内因是宗教发挥了至关重要的作用。

与中原夏商周同期的玉树，尽管少有文字记载，但是在成书于战国至东汉的《山海经》中还是留下了远古传说时代氐羌的文化印迹。《山海经·海内经》多处记载了古蜀国的开明神（王）与昆仑山的关系，开明是古蜀国传说中的帝王，传十二世。开明王在《山海经·海内经》中是昆仑山的守护神，称"昆仑南渊深三百仞。开明兽身大类虎而九首，皆人面，东向立昆仑上"。

《山海经》多处提到了昆仑山、西王母。西周穆王（约公元前1054—前949年）西巡与昆仑山西王母相会于天池，这是早期记载中原西周与西北氐羌的一次重要的交流。据考证西王母是氐羌部落女首领，或许与后来《隋书》记载的东女国有血缘和文化的继承关系。《山海经》出自各地祠官之手，而《山海经·海内经》作者应是出于古蜀国的主持山神祭祀的祠官。《山海经·海内经》记载的昆仑山包括了今昆仑山、冈底斯山、祁连山，其中记载的传说或神话印证了三江源氐羌与华夏部落的关系。氐羌部落氏族时期与蜀和中原比其后时代有更多的交流，原始宗教层面也有较多的共通性。

西汉以来，西藏进入了象雄文化时期，本土宗教苯教兴起。苯教是自然崇拜的原始宗教。象雄古国是青藏高原古老的部落联盟邦国，西北与克什米尔相连，北接青海西南，南抵印度和尼泊尔的广大地域。象雄（又称羌同、羊同），是苯教发祥地。《通典》《册府元龟》《唐会要》等都有记载。大羊同东接吐蕃，西接小羊同，北直于阗，东西千余里。东汉前后苯教雍仲派传播至青海西部、四川西北，以苯教为核心的文化区域即藏民族区开始形成。雍仲苯教在后来康巴地区大建寺院，这一带成为继西藏之后，苯教的又一文化中心，至7世纪时达到鼎盛。8世纪时吐蕃在青藏高原崛起，彻底征服了象雄古国。此后，苯教与佛教逐渐融合，形成延续至今的藏传佛教，象雄文化则渐渐消失。但是象雄文化通过苯教，积淀为藏族的文化基因。宋以后雍仲苯教向今青海玉树以及四川康定、丹巴等地发展，形成了康巴藏族信仰的藏传佛教的源头。

苯教是很古老的宗教，起源远古的自然崇拜，奉天地山川、日月星辰为神。苯教将世界分为天上、人间、地下三层境界。天界是最高的天神"什巴"及其所属诸神的地方。中间是人类居住的地方，天神委托儿子赞普统治人间。地下是龙及魔怪的地方，它们带给人类祸福、吉凶。赞普及其以下众巫师上通天神，为人间役使龙神精灵，去魔除怪。象雄－雍仲苯教文化是藏族的文化根基，象雄人的宗教、文字等深刻影响了吐蕃以及后来藏族聚居区社会的各个方面。今天藏族人的习俗和生活方式，有许多也是象雄时代流传下来的，并渗透到藏传佛教的仪式中。比如祭山神、祭湖神，转神山、拜神湖，以及插风马旗、插五彩经幡、刻石头经文、堆筑嘛呢堆等，都有雍仲苯教的影子。

7世纪文成公主进藏将佛教经书带入西藏，吐蕃王室和贵族首先接受了外来的佛教。松赞干布与文成公主联姻推动了中原与吐蕃宗教及文化的交流和融合。佛教在遭到地方苯教抵制后开始了本土化的改造，将苯教的神奉为自己的神，并引进苯教祭祀仪式，逐渐形成了新的教派——喇嘛教，即今所称的藏传佛教。9世纪中叶吐蕃地区陷入长时期的内战和分裂，各地豪强占山为王，形成了诸多地方政权。喇嘛教分化出一个个教派。各教派与本地世俗统治集团结合，形成了互为表里的统治核心。经过各派的此长彼消的战争、妥协，形成了格鲁派、噶当派、宁玛派、萨迦派、噶举派、夏鲁派等教派。吐蕃时期一直是僧养制度，寺庙没有自己的经济。11世纪以来喇嘛教的寺庙有了自己的山林牧场、庄园、农奴，财富增多，独立寺庙经济体系形成，由此产生了"活佛转世"制度，通过这一制度将寺庙财富一代一代继承下去。喇嘛教形成也标志着拥有自己文化基因的藏民族形成。

12世纪以来中央政府以册封藏传佛教某些活动或仪式为纽带，来巩固国家一统的意识。南宋在玉树任命土官，颁发文册，并敕建苯教寺院——根蚌寺。到14世纪中叶，宁玛派、萨迦派、噶举派等相继在玉树境内修建寺院。明清时期，格鲁派在玉树创建寺庙或改宗原有各派寺院。规模不等的各种宗教活动场所星罗棋布，具有寺多、僧众、教派齐全、分布广、影响深等特点。至1958年民主改革前，玉树州共有藏传佛教寺院201座，分属噶举派、萨迦派、格鲁派和宁玛派四大教派，在寺僧尼共27057人，其中僧侣25071人、尼姑1538人、活佛448名，寺院自己的拥有牧场耕地，宗教教职人员占当时总人口的28.6%。1958年以后一度关闭寺庙。1962年至1966年玉树县结古寺、龙喜寺，称多县拉布寺和尕藏寺等11座寺院开放，入寺僧侣624人，活佛11人。"文化大革命"期间，大多数寺院受到毁灭性破坏，民族传统文化和珍藏在玉树州各寺的珍贵文物遭到空前浩劫。1978年改革开放以后玉树州相继开放139座寺院和7处宗教活动点。其中噶举派寺院83座，萨迦派寺院27座，格鲁派寺院18座，宁玛派寺院11座。截至2000年玉树有僧尼6145人，活佛254名，占玉树州总人口的2.47%，其中1958年前认定坐床的活佛97名，1990年以后由政府批准坐床的活佛24名；其中有噶举派活佛131名，格鲁派活佛54名，萨迦派活佛33名，宁玛派活佛30名。建有经堂162座、佛殿193间、僧舍3048间、佛邸226院678间，拥有牲畜2.18万头（只），寺院耕地及草场面积达29万多亩。今天玉树州藏传佛教信众占总人口的90%，各派别和睦共处。宗教对现代玉树社会习俗及文化的影响仍然广泛且深刻。

现代玉树以藏民族为主，民俗、宗教属于藏民族文化圈。但是与其他藏族聚居区相比共性以外有较大的文化差异性。从民族演变来看，其源为羌、吐谷浑、吐蕃支裔。从自然地理看居川藏、西藏、甘藏、青藏的枢纽位置，以及长江、黄河、澜沧江源区。从人文史看，夏商周时为氐羌地，属雍州，与古蜀、岐周有较多的交流。两汉及三国时为西羌地，晋及魏晋南北朝先后为吐谷浑族、鲜卑族、党项族所据。隋唐宋为吐蕃地，元明时为蒙古占有，土著人沦为蒙古奴隶。清乾隆初归于中央羁縻治下的地方自治，玉树会盟成为与藏族各部，与中央联络的纽带一直维系至清末，对近现代玉树文化有深刻的影响。

玉树地域文化性态　　玉树是康巴藏族分布核心区域，延伸至四川甘孜，阿坝云南丽江等地。康巴藏族文化底蕴深厚。东汉前玉树地区与古蜀、中原文明有文化关联性。在《山海经》记载传说中揭示出与中原文化渊源。7世纪前以象雄文化为主，自然崇拜的苯教占主导地位。7世纪至13世纪吐蕃统治时期，苯教与佛教结合，经过数百年的演变，形成藏传佛教，现代民族学意义的藏族文化圈形成，玉树州属于康巴地区，是藏传佛教各派交汇地区，但是苯教对佛教渗透更为深刻，对区域文化影响更为广泛。

在玉树特殊的地理条件和以畜牧业为主兼有农耕生产方式下，必然产生出大山大河与民间信仰相融合不同于其他藏族聚居区的特有的高原文化。玉树自然而然"三江源"文化的核心区。

历史时期，玉树是多种文化交流的通道，藏汉蒙各民族都在这里留下了文明的印迹，生成出区域文化的多样性、多元性。玉树文化包容性丰富了三江源的自然与人文景观，是现代社会不可多得的人文资源宝库。

自汉代以来中央政权逐渐规范了国家和地方的山川祭祀制度，从礼制上确立了以泰山、衡山、恒山、华山、嵩山五岳，以及江、淮、河、济四渎为天子祭祀，而各地域诸山川为地方官祭祀，即祭祀有等级，山川无先后的祭祀制度。藏民族从氏族部落到政教合一的社会形态过程中，宗教发挥了重要的作用，同时也深受汉文化的影响，尤其是山川祭祀几乎沿袭全部程式和仪礼，衍生到民间则赋予了藏族聚居区丰富的地域文化。

在藏传佛教中山川之神属于一个崇拜体系，在这一体系中包括高原湖泊、大地上的万物。即以山神为主体神，江河湖泊诸神即纳入到山神崇拜体系中优势相对独立的神灵。青藏高原是江河的发源地，山川江河是自然界最重要的环节，山川及湖为一体的崇拜在古代生态保护中更加意义深远。

在山川神的自然崇拜中，不同的区域衍生出区域性的神灵体系。三江源区大致由山神、水神、土地神、树神构成。山神崇拜与水崇拜的目的一致，因为山神主宰风雨雷电，事关狩猎、采集的丰歉，因此而衍生出丰富的文化类型，这是雪域高原世代相承的环境保护的文化基因。藏族聚居区山川崇拜既有各宗教派系的不同阐释和祭祀礼仪，又融入了本土民俗节庆活动的内容，形成了不同区域的地方文化。

从藏族聚居区人文史揭示出：三江源藏民族从氏族部落过渡到政教合一的社会形态过程中，苯教伴随始终。在自然崇拜原始宗教中，山川崇拜是整体，都是通达天神，保佑风调雨顺的神灵，可以归为水神。在玉树的山川祭祀中可以发现其中保留了诸多殷商以来五岳四渎祭祀的礼仪。

特有的自然环境形成的以自然神崇拜为核心的苯教，与7世纪以来佛教结合，形成了藏传佛教中山川信仰的文化内核，并衍生出民众易于接受的表达形式。玉树及其康藏地区的山川神祭祀既有藏传佛教的程式，也有自己更为丰富的文化内涵。这些地区祭祀山神、水神的活动与民俗节庆往往难以分出清晰的界限，正是普通民众的深度参与，使自然保护的理念世代相传。

玉树三江源地处青藏高原腹地，是长江、黄河、澜沧江三大河流的发源地，也是我国和亚洲最重要河流的上游关键源区，素有"江河源"之称，被誉为"中华水塔"。其独特的生态环境造就了世界高海拔地区独一无二的大面积湿地生态系统。青藏高原独特的地理环境和特殊的气候条件又孕育了同样独特的生物系统，使之成为世界上重要的高寒生物自然物种资源库。三江源区地处青藏高原腹地，但却有着悠久的历史文化。玉树是唐蕃古道上的重要交通枢纽和驿站，文成公主由此进藏，历史上深受中原文明和印度文明的影响，形成了宗教文化的重要组成部分，也是历史上中原地区与西部边陲政治、经济和文化交流的重要窗口。多样文化的碰撞和交汇创造了与众不同的文化发展空间，积淀了丰厚的历史文化底蕴，孕育了高原地区开放包容、团结奋斗、积极进取、璀璨鲜活的民族文化，尊重生命、敬畏自然、保护自然、和谐共生的生态文化，坚毅勇敢、坚韧不拔、艰苦奋斗、自强不息、感恩奋进的精神文化。玉树文化是"世界第三极"山水生态与自然地理环境中的人类生存与延续的智慧结晶，是青藏高原江河源头文明的集中体现。如今三江源区因山水崇拜而衍生出民众爱水、惜水、护水的习俗，以及与山水信仰有关的特色系列文化节庆甚多。

神　　山

藏传佛教各派予以山神体系以各自的阐释和分类。自吐蕃统治广大藏族聚居区以来，在各宗教势力的此长彼消中，神山序列不断演变。神山尊崇既有教派或地方势力左右，也有民间自然崇拜等因素。在藏族聚居区民众的观念中，山神有寺庙从属之分却无先后尊卑之别，于是每个氏族或部落内都形成了属于本土的神灵体系。玉树藏族聚居区以其独有的区域文化，形成了与藏传佛教一脉相承又自成体系的山川神信仰体系。

三江源区的神山　　藏族民间的神山信仰遍及所有山峰，但是藏传佛教特定至尊神山因地域各有至尊，这是源于原始信仰与苯教、喇嘛教等不同文化冲突与融合的结果。藏传佛教的至尊神山全部出自卫藏地区，即总神山卫藏雅拉香波雪山，以及北方神山羌塘念青唐拉（即念青唐古拉山）；南方神山库拉日杰；东方神山沃德巩甲。四座神山在佛教兴起以前的氏羌原始自然信仰中就是被崇拜的山神。奉为至尊的总山神，往往被赋予了更大的统御范围，吸引更多的人向它顶礼膜拜。在藏族聚居区各部落供奉的属地山神，为佛教各寺庙归属总山神，都得到了属地人民的敬仰，也得到后来不同宗教派别的认同，山神体系世代延续，不断增加或修改，建立起各地域不同的山神体系。

雅拉香波雪山之所以为至尊中的至尊，是源于9世纪以来吐蕃在部落间的兼并战争中，逐渐取得的地位。地处今西藏中部山南雅隆河谷的雅隆悉布耶部落是吐蕃部落联盟的首领，对统一藏族聚居区战争起到了至关重要的作用，后来将这个部落崇拜的山神——雅拉香波山神，奉为吐蕃及其众部落共同崇拜的山神，成为藏族聚居区最高的神灵。

与藏族人民生活息息相关的山神是念青唐古拉山神，又称唐拉雅秀、唐拉耶秀或雅秀念之神，是大念青唐古拉山脉的统治神。这些山脉绵延几百公里，穿过罕无人迹的藏北地区。念青唐古拉山神在玉树南部，是藏北念青唐古拉山脉的统治神，被认作掌管冰雹的十八雹神之一。行人经过唐古拉山时，须焚香祭祀，向山神敬奉供物。在神话中，念青唐古拉山神被认为是财产的保护神。藏文山神祈愿颂文称颂念青唐古拉山神是沃德巩甲山神与一只玉鸟所生之子，是至高无上的山神所住的地方——达姆秀那姆，苍鹰在上空飞翔，那儿充满了光明。就是冬天也如同春天一样翠绿。念青唐古拉南缘有一座著名的湖泊叫纳木错，纳木湖里的神女被认为是山神的妻子。

在苯教和藏传佛教的山川崇拜中，凡山皆有神灵，而尊为神山者则都是来自西藏藏传佛教集团的认定。四大神山以外，玉树本土被奉为至尊的神山，据《玉树州志》记载有四处。三江源区海拔超过5000米的高山，以及被奉为神山的山峰（见玉树州境内山峰表）。

玉树州境内山峰表

所在县（市）	山　名	所在乡（镇）	主峰海拔/米
玉树市	江嘉多德山	下拉秀镇	5725
	肖嘎贝山（多杰森巴）	下拉秀镇	4300
	歌嘉嘎阳山	小苏莽乡	5128
	西杭嘎阳山	结古地区	4330
	普措达泽山	结古地区	3984
称多县	尕朵觉沃神山	尕朵乡	5470
	巴颜喀拉山	清水河镇	5267

续表

所在县（市）	山　名	所在乡（镇）	主峰海拔/米
囊谦县	尕杰神山	尕羊乡	4800
	岗青达萨	尕羊乡	5400
	达那神山	尕羊乡	5100
	热杰神山	吉曲乡	5600
	觉悟格杰神山	吉曲乡	4500
	多康格杰	白扎乡	4400
	乃青白玛	毛庄乡	4300
	尕松拉山	东坝乡	4400
	乃根玛神山	觉拉乡	4100
杂多县	莫拉才核	昂赛乡	5612
	康改拉	查旦乡	5788
	索瓦昂雅	查旦乡	5394
	扎那日根	莫云乡	5550
	查拉沙椰	阿多乡	5697
	东奔	阿多乡	5602
	然哲杂硅却吉	扎青乡	5777
	多格查同	苏鲁乡	5111
	诺将托勃	结多乡	5561
	拉玛诺拉	萨呼腾镇	5556
	拉文慕毛	结多乡	5100
	我吉知泡	结多乡	4800
	西卡	苏鲁乡	4700
	怕旦巴	萨呼腾镇	4900
	拉挨慕波	结多乡	4800
	瓦日乃群	结多乡	4700
	旦格杰青角杰	查旦乡	5500

续表

所在县（市）	山　名	所在乡（镇）	主峰海拔/米
杂多县	嘛苟奔桑	萨呼腾镇	5000
	已达知日索嘎	扎青乡	5600
	拉日宗拉噶群	扎青乡	5700
	杂香嘎	阿多乡	4800
治多县	索布查叶	多彩乡	5876
	杂扎秀木	多彩乡	4600
	克玉日	立新乡	4590
曲麻莱县	扎那依贡玛	曲玛河乡	5038
	白日杂加	曲玛河乡	5166
	诺瓦囊依	曲玛河乡	5062
	夏俄巴	曲玛河乡	5448
	阿青岗次日旧	曲麻河	6178
	扎尕豹	麻多乡	5195
	杂日加	麻多乡	5187
	扎加	麻多乡	5170
	雅拉达泽	麻多乡	5215
	活塔杂加	叶格乡	5230
	玉珠峰	曲麻河乡	6178

山神的民间信仰　　无论是苯教，还是藏传佛教各派，都认为神山是诸神灵聚族而居之处，且在高山之巅盘踞。所以藏族聚居区雪域高山成了山神的所居圣地。于是民间演绎出各山神的来历、形象和法力。无论是宗教还是民间，山神被尊为灵验的神，以骑马猎人的形象巡游高山峡谷之间，如果相遇触犯了它，轻者患病，重者死亡。人们信仰山神是因为它能呼风唤雨，下雪和冰雹，也能降灾降难，危害人间，人们膜拜它、供奉它，就能心想事成，家庭平安、牛羊成群、人寿年丰。

藏族聚居区的山神被认为比任何神灵更容易触怒。因此一些社会行为被规范起来，如凡是经过高山雪岭、悬岩绝壁、原始森林等地方，必须处处小心，不要喧哗、吵闹，否则触怒了山神，立刻就会招来狂风怒卷、雷电交加、大雨倾盆。若是冬天，就会风雪弥漫、寒风凛冽。

在藏族聚居区神山信仰既有藏传佛教的宗教阐释和祭祀礼仪。例如某一山峰被佛教奉为具有防冰雹的护法神，在冰雹的多发季节喇嘛例行法事之外，向空中抛出小佛像以驱逐冰雹。山神信仰还赋予人们对美好生活的向往，进而衍生出各种民俗活动。玉树州山神有春秋两祭，春祭是在举行年度赛马会的日子里，通常也是转神山的时间。转山时僧人念经，然后人们依顺时针方向或骑马、或步行转神山。转神山时要在山上煨桑，放置嘛呢石，向神山献哈达，还要向山上撒放酥油、奶渣、牛毛绳、藏刀甚至银元、绿松石、珊瑚、玛瑙等物品。秋季举行祭祀山神活动更多有丰收节庆的意义。按照古老游牧民族的传统，人们从各家收取粮油等食物，用食品和牺牲供奉山神，祈求草木旺盛，牲畜兴旺，最后就把供品象征性地分给各家各户。到野地聚餐、歌舞，牧民会举家结队地前往朝山，一去就是数月甚至几年，一些人还长期定居神山附近，不能前往的牧民会在晚上向着神山的方向朝拜。历史时期范围广泛的朝拜神山的活动甚至影响到牧区的正常生产活动，西藏的噶厦政府时期甚至追捕过朝山的牧民。

恐惧产生神灵，恶劣自然环境下形成的山神信仰，成为根植于民间的环境保护意识和习俗。如神山禁猎，不是人们不愿打，而是出于敬畏不敢打。藏族聚居区神山主峰在海拔5000米以上，山势陡峻，终年多数时间积雪，自然条件恶劣成为人迹罕至之处。但是神山山麓却是物产较为丰富的地带，有很多本土特有的植物和矿物是珍贵的藏药资源。由于敬畏神山，采药必须有祈祷、煨桑，这个过程具有警示和自我约束的功能。

从祭祀形式上，祭祀山神通行的仪礼是煨桑，献供品、垒嘛呢石堆、悬挂经幡，转山。今天藏族聚居区依然随处可见山崖上随风飞舞的经幡和芬芳四溢的煨桑的烟雾，似乎告诉人们《山海经》记载的山神祭祀和山神的神话并没有远去，依然鲜活地存在于藏族聚居区人民生活中。

山神崇拜文化外延：嘛呢石　　在川藏公路和青藏公路建成之前，玉树结古镇巴塘乡是西入西藏，南去康巴区，北下安多藏族聚居区的交通要道，是唐朝文成公主远嫁松赞干布、金城公主远嫁赤德祖赞途经之地，这里留下了唐代汉藏交流的文化遗迹。其中著名的是文成公主庙和相传文成公主入藏时所刻的大日如来佛及八大菩萨摩崖石像。

嘛呢石堆是藏传佛教应该属于山神信仰而衍生的表达方式，嘛呢石堆上刻经文，放置河边、道路或山上，风或水从石上经过，被认作诵读佛经。嘛呢石刻经文也成就了藏族聚居区的石刻艺术。而玉树县结古镇新寨村嘉那嘛呢石城则包含了更厚重历史和丰富的文化内涵。玉树新寨村的嘛呢石城是由结古寺第一世活佛嘉那·道丹降曲帕旺丹珠尼夏所创建，因此得名"嘉那嘛呢"。

在佛教尚未传入玉树之前，玉树新寨村就有专门石刻嘛呢的石匠艺人，他们刻苯教嘛呢"玛哲米叶"。15世纪以后出现了大量佛教内容的嘛呢石，以前的苯教嘛呢石叠放在佛塔底部。玉树结古新寨村地处安多、卫藏、康巴三地的交通要道，经过此处的政界要员、众多僧侣，乃至普通民众都要举行或大或小的堆石、石刻嘛呢和煨桑等仪式，数百年来逐渐形成了嘉那嘛呢石城。2010年玉树地震时嘉那嘛呢石城部分坍塌，灾后重建时重新堆放，现在的嘉那嘛呢石城更加蔚为壮观。

嘉那嘛呢石城反映出玉树地区佛教传播和民间信奉的特点。自嘉那·道丹降曲帕旺活佛创建石刻嘛呢后，玉树民间除诵经、转经、磕头、燃灯、煨桑、放生和布施之外，请石刻艺人雕刻嘛呢，转嘛呢石城成为该地宗教信仰的重要活动之一。新寨嘉那嘛呢石城就成为玉树地区民间宗教活动的一个最重要的场所，并由单一的宗教活动向文化多样性方向发展，逐渐地形成了每年的藏历12月15—20日的嘉那嘛呢节——"嘉那邦琼"。嘉那邦琼意为万人聚会，于是派生出了藏族卓舞，这是以新寨嘉那曲卓和以嘛呢为主要歌词的新寨嘉那嘛呢歌。因宗教活动而衍生出地域性的民间节庆，成就了玉树歌舞之乡的声名（见结古寺嘛呢石堆图，文成公主进藏所经勒巴沟的文成公主题刻及嘛呢石图）。

结古寺嘛呢石堆图

文成公主进藏所经勒巴沟的文成公主题刻及嘛呢石图（一）

文成公主进藏所经勒巴沟的文成公主题刻及嘛呢石图（二）

水 神

玉树区域内的水神崇拜是庞大的自然崇拜体系，从崇拜的目的看，雪山、江河湖泊崇拜归根结底都是对水神的崇拜。江河湖泊自然崇拜及其文化表达和山神崇拜是互为相通的。

自玉树境内流出了长江、黄河、澜沧江、雅砻江等位居亚洲前列的著名大河，孕育这些大江大河的除了雪山还有星罗棋布的高原湖泊。藏北地区的大小湖泊多达千余，湖面总面积达 30000 平方公里。湛蓝的高原湖泊与蜿蜒曲折的源区溪流相互连通，构成青藏高原特有的生态景观。远古氐羌族社会时期水神崇拜便已悄然兴起。在《山海经》记载里昆仑是后稷所潜的地方，自然神之外，这里远古部族神纳入到水神的体系中。圣洁的雪山、清澈的河流使玉树地区的水神崇拜比起其他藏族聚居区更为丰富。

以神湖（河）为中心的水神崇拜　在苯教的自然崇拜中，河和湖是水神崇拜的主要形式，被认为河湖中有统御水的神祇，具有神奇的法力。藏族先民把某些河湖称为"神湖"或"圣河"，将河湖中的水视为神灵赐予人间的"甘露"，如果人们在这些河湖中沐浴，或者喝了湖中之水，就能延年益寿，消除烦恼。人们在河湖边顶礼膜拜，感谢神灵的赏赐，并希望河湖永远具有灵异。

15 世纪以后藏族聚居区的河湖崇拜受佛教的影响，对神湖的阐释和祭祀增加了佛教内容。被藏传佛教指认的至尊的神湖有三处。

（1）玛旁雍错。玛旁雍错藏语意为"永恒不败的碧玉湖"，坐落在西藏阿里地区普兰县境内的冈底斯山峰的主峰——神山冈仁波齐峰东南 20 公里，海拔 4588 米，这是世界上海拔最高的淡水湖，面积 412 平方公里，湖水直接来自神山的融雪。玛旁雍错湖原是苯教的神湖，称"玛垂错"（意为生命之湖）。11 世纪时苯教和藏传佛教噶举派在湖畔大战，藏传佛教获胜后改湖名为"玛旁雍错"。佛教很多典籍记载了玛旁雍错的传说。流传最广的是，玛旁雍错湖底是龙王居住的龙宫，朝圣者如绕湖转经，便可功德无量。玛旁雍错还进入了印度神话。称玛旁雍错是湿婆大神（Brahma）和他的妻子——喜马拉雅山的女儿乌玛女神沐浴的地方，则称玛旁雍错的湖水能洗涤一切罪孽。玛旁雍错在不同藏族聚居区、不同民族、不同宗教信仰中有不同的文化意义。然而，传说中湖底的龙王、龙宫与汉族及其他民族龙文化含义是一脉相承的。

（2）当惹雍错。当惹雍错位于古象雄王国遗址附近达尔果山麓，距西藏尼玛县约150公里，面积1400平方公里，湖面海拔4600多米。传说当惹雍错本是个魔鬼湖，后来苯教制服了魔鬼，成为圣湖。达尔果山有七峰，终年积雪，它和当惹雍错被苯教奉为的神山圣湖。11世纪佛教兴起后，依然奉为神湖。

（3）纳木错。纳木错意指"天湖"，蒙语称腾格里海、腾格里湖。纳木错毗邻西藏羌塘的念青唐古拉山，藏传佛教中属于念青唐古拉山神的神灵体系。纳木错原被苯教奉为保护神，是苯教第一神湖。11世纪以后演化成了佛教的护法神。

（4）雍错赤宿甲摩。雍错赤宿甲摩，即为青海湖，《汉书·地理志》称"仙海"。青海湖水位3196米（2021年），湖水面积为4583平方公里，是我国最大的咸水湖。青海湖不仅被藏传佛教奉为保护神，更是古代中央王朝纳入祀典的海神。唐玄宗、宋仁宗、清雍正帝均赐封号。清乾隆朝在青海今共和县倒淌河修海神庙，是祭祀青海神的专庙。

（5）羊卓雍错。羊卓雍错被奉为藏族聚居区女护法神的栖息湖。在藏族聚居区，水神原本属于苯教的神灵系统，至尊的湖神原都出自对所谓魔鬼即灾难的恐惧而产生的自然崇拜，7世纪佛教传入后，苯教与佛教融合，藏传佛教将高原湖奉为了护法神。在藏族聚居区水神祭祀大致遵循佛教通行的程式，但是崇拜与个人或家庭有更为直接的关系和诉求，也与世俗节庆逐渐融合，加入了许多民俗活动内容。

除了西藏藏传佛教认定的神湖，各藏族聚居区各有辖区内寺庙认定的神河神湖。祭祀的仪式由寺庙组织。青海玉树，四川甘孜、阿坝等康藏地区视河湖乃至水塘都为神，祭水时间在藏历新年和春末，事先将祈祷的经文用绳子系好，拉在大河、小河中或摆放在桥上，以求神灵佑护。藏历新年"祈水"或"供水"仪式更为庄重。藏历年大年初一凌晨鸡叫时，在各家各户的门前，燃起煨桑敬水神，祈求来年农牧丰收。然后到河或井，或湖，或水塘里取水，把取来的水洒在屋子之中，谓之洒新水，洒新水时，还要唱《洒水歌》。祭祀水神的仪式在河边、湖边或泉边举行（见治多县白螺湖水神祭祀图）。

治多县白螺湖水神祭祀图（2016 年）

三江源区也有被当地百姓尊为神湖的水域。玉树治多县长江源的白螺湖是藏族聚居区祭祀水神很有代表性的场所。白螺湖是高山温泉汇集的小湖，被当地的寺院奉为神湖，每年的祭祀仪式也是本地的节庆活动，届时人们盛装举家前往，环绕湖畔聆听喇嘛诵读经文，接受喇嘛的圣水。祭祀采用的祭湖、祭河经文，有《白龙经》《黑龙经》和《斑龙经》。据说是佛祖亲示的《般若波罗蜜多经略》《龙王问道经》（汉传佛教称《十善业道经》）的经文。

藏传佛教认为：按照"天、念、鲁"的三界划分理论，生命之源"水"源于鲁界。因此要人间风调雨顺、五谷丰登，就要与"鲁"和谐相处，即要善待"水族"。人与自然和谐相处的伦理道德通过这样的活动根植到民众思想意识中。

以山岳和江河为神是人类与自然相处而产生的最早的信仰。至迟殷商王国时期，大致了形成带有原始宗教的祭祀基本格局，其中一些仪式为后世延续。汉代将山川祭祀写入了礼典，建立了从中央到地方的山岳江河祭祀体系。汉以来原始宗教的山川祭祀与儒教、佛教、道教相互影响、渗透，逐渐形成了中国特有的礼制和宗教既共通又有分界的祀典仪礼。

三江源藏族文化区的山川崇拜，源自氐羌部落的自然崇拜，后来深受中原影响。8世纪后佛教的渗透，形成了独特的文化内涵，却又保留自然崇拜祭祀的方式。

龙神崇拜与沐浴节　　三江源藏族聚居区水神除了河湖自然神，还有抽象的龙的崇拜。这一古老的自然崇拜的习俗的与苯教、佛教，以及内地龙王崇拜的民俗都有关联。在佛教诸经中，祭水主佛是《忏悔经》三十五佛中的龙王佛，所属八龙王。龙王佛是主司水的神灵。祭水仪式分准备、正式、回向三段式。准备阶段设"水神"坛和祭神牺牲；正式议程有迎请龙王佛及八龙王等，诵读祷文，祈求风调雨顺、消灾免难、农畜丰收等。藏族聚居区水神与龙神往往难以有清晰的界限。藏传佛教认为龙神居住在河湖中，蛇、青蛙、鱼等是龙神一族，是有灵性的。龙神是恶神，是人间四百二十四种疾病之源。诸如麻风病、水疱、天花、瘟疫、伤寒等疾病是人类侵犯了龙神而遭到报复后带来的。这样的宗教阐释来源于藏族聚居区的流行瘟疫的灾难经历。藏族文献记载过吐蕃统治时期多次大规模的瘟疫流行。唐开元二十七年（739年）吐蕃发生天花流行，唐朝金城公主死于这场瘟疫。吐蕃二十九世王赞普仲宁德如与王妃据说吃了油炸青蛙后得病双双而亡。这是人们在经历大灾难后获得的教训，通过宗教信仰来约束大家的行为，告诫人们善待龙神，不食水生动物，不往河里扔脏物，要始终保持河湖及周边的干净。同样出于对江河湖泊的崇拜，藏族聚居区还演绎出"亲"水的民俗。藏语"噶玛日孜"意为弃山星。每年藏历七月六日至十三日是弃山星昼出夜隐的时节，藏族聚居区各地肉眼都可以看到南方的弃山星，传说它的星光照耀过的河流湖泊水变成了防病的药水，藏族聚居区的"沐浴节"因此而来。在噶玛日孜出没的七天沐浴节里，玉树藏族聚居区同其他藏族聚居区一样，每年这个时候，都要到附近的江河里去沐浴，祈望祛病健身，延年益寿。沐浴节期间，人们还拆洗被褥和衣服，对行动不便、不能下河沐浴的年迈体弱者，也要在家里进行象征性的沐浴。在沐浴节期间人们还在江河两岸搭起帐篷，祈福的仪式之外人们聚集在一起唱歌跳舞，江河滩区洋溢着祥和欢乐的节日气氛。

山川神的自然崇拜、藏传佛教的融合，衍生出玉树特有的民俗——水里置放嘛呢石。人们对幸福的期待、消灾祛病的心愿都可以通过在水中、桥上、山上放置嘛呢石来表达（见通天河桥上的嘛呢石图，黄河源头的祭祀图，扎曲岸坡上的嘛呢石图）。这一民间最为普遍的崇拜活动，无疑赋予了民众保护江河的文化意识，这是河湖、山林保护最有利的习俗。

通天河桥上的嘛呢石图

黄河源头的祭祀图

扎曲岸坡上的嘛呢石图

行　　旅

陆路交通　20世纪50年代以前，玉树的主要交通和运输依靠马、牛等畜力。外出远行的除步行外，一般骑马代步。商贾往来驮运货物，牧人迁徙搬家，农区送粪运粮等，依靠牛驮马背。其路程也是以"马站""牛站"计算，而不是以里程论长短，通常以马的日行为一马站，以牛的日行为一牛站。结古通往各地的长途驮载道有5条。往西藏可达昌都和拉萨，往甘肃可达临洮，往四川可达甘孜、康定，在青海省内可达湟源、西宁等地。据史料记载，结古至拉萨约76牛站；结古至西宁约40多牛站；结古至康定约40牛站。

大凡长途驮运，每天都要赶几十里路，搬上卸下几十驮货物，还要拆架帐篷，烧火熬茶，饲放驮牛，冬天爬冰卧雪，夏季风雨兼程，盖天铺地，露宿野外，行旅艰辛难以言状。

供乘骑的牦牛藏语称"那洛"，多为无犄角而易驾驭的高大健壮的牦牛，穿透的鼻孔里套有一环状牛鼻桊，备有牛鞍具。由于牦牛行走缓慢，加之奔跑起来摇晃不稳，所以真正骑使的很少，只有在赶着驮牛群搞远途运输时才偶尔骑一段路程，权当缓脚歇步，使走累了的人得到片刻休息。在牧人搬家的长途迁徙中，往往在"那洛"背上吊两个柳筐，里面铺上羊皮，让孩子坐在里面，晃悠在缓步慢行的牦牛背上，或酣睡，或玩耍，既舒服又快乐。

由于长期的牛驮马载，玉树人对乘马和骑用牛偏爱有加，平时骑用时为自己的坐骑配上华丽的鞍辔，精心饲养呵护，及至它们年迈不能役使时，也细心饲养，从不遗弃或宰杀。

1954年修建了第一条西宁至结古的公路。随后的几十年里，筑路架桥，公路不断向各地延伸，形成了四通八达的交通运输网，各种现代化的交通工具已走进了千家万户。但是，人烟稀少，山高沟深，公路难以修通的偏远牧区，仍然延续着牛驮马载的历史。

渡口　玉树通天河的渡口是内地进入藏族聚居区的关隘。通天河沿岸重峦叠嶂，危崖耸立，河谷纵横，水流湍急，形成了不可逾越的天然屏障。要跨越大河险谷，除靠吊索、吊桥外主要靠皮筏摆渡。特别是由于通天河下游峡峻滩险，水流湍急，漩涡连环，加之水流落差大，所有渡口无不险象环生，其中尤以西宁至结古必经的直门达渡口最为险峻，古老渡口的涛急浪险不知吞没了多少人畜的生命，甚至有很多筏工也葬身鱼腹。

玉树筏工所用的皮筏，皆为牛皮筏。这不仅因为玉树高原牦牛多，原料来源容易，更重要的是牛皮厚实耐磨，且筒子较大。制作皮筏要将牦牛的头、蹄砍掉，再将皮囫囵剥下，用盐水或酥油脱毛，然后在牛脖子和四肢皮口处涂上酥油，待其变软后，用细绳扎紧，用嘴对着小气孔将皮筒吹胀，然后用数个皮筒将一根根木椽串绑起来，一架皮筏便制成了。每筏可载重四五百公斤。皮筏由于自身重量轻，摆渡灵活，通常只载行人及货物，行人的乘骑皆随筏泅渡。

每至冬季，当河水结冰后，宽阔的河面便成了沟通两岸的冰桥，冰面上处处有人们"架"起的"经桥"。所谓"经桥"，是在冰面上铺写或刻画"六字真言"等经文。玉树作为全民基本信教区，虔诚的人们有的将刻有"六字真言"的嘛呢石从河这边铺到河那边；有的用河边的细沙在冰面上铺写出"六字真言"；还有的则斧凿刀刻将神圣的"六字真言"刻于其上。铺写"经桥"除出于虔诚的信仰外，更多的用意则是为行旅之人祝福吉祥平安。

20世纪50年代以来，玉树境内大大小小的河流上架起了桥梁，高速公路、省道和乡村公路四通八达，昔日的渡口和各种传统的交通工具已成过往，沉淀为历史的记忆。

民　俗　文　化

现代玉树三江源区以藏民族为主，民俗、宗教属于藏民族文化圈。从民族演变来看，其源为羌、吐谷浑、吐蕃后裔。玉树文化源于氐羌自然神崇拜和藏传佛教，融合了汉族、蒙古族、维吾尔族等民族的文化。玉树独特的自然环境、生活生产方式，为玉树民俗文化的生发铺就了得天独厚的土壤，兼容并蓄而衍生出独特的地域文化。

从人文史看，夏商周时玉树为氐羌地，属雍州，与古蜀、岐周有较多的交流，在先秦时期《山海经》中留下了较多的历史印迹。两汉及三国时为西羌地，晋及魏晋南北朝先后为吐谷浑族、鲜卑族、党项族所据。隋、唐、宋时期为吐蕃地，元、明时期为蒙古占有，土著人沦为蒙古奴隶。清乾隆初归于中央羁縻治下的地方自治，玉树会盟成为玉树与藏族各部、与中央联络的纽带，一直维系至清末。与其他藏族聚居区相比，玉树地区受中原文化影响较深。今天玉树民众参与度最高的赛马节是玉树会盟的产物，是具有文化渊源体现不同藏族部落之间、藏汉之间团结的文化符号。

山川祭祀是玉树延续至今的传统文化。玉树地区与藏族聚居区既有基于藏传佛教的自然信仰和祭祀传统，也有对江河、对水更为深厚的多元文化表达形式。这在历史时期具有特殊的政治意义。随着时间推移，这一活动逐渐融入到藏族百姓敬畏自然的思想观念中，深刻地影响着民众的生活、生产方式，甚至民俗节气活动，形成了独特敬畏自然、关爱江河的文化传统，有着丰厚的多层面的文化内涵。其中山川祭祀采用佛教通行的经文和藏传佛教特有的仪式，保留了类似殷商祭祀山川江河燔火望燎的煨桑仪礼，这是在内地几乎消失的非物质文化遗产。

礼仪 藏族是崇尚礼仪的民族，礼俗涉及生活的各个方面，因场合不同，对象有别，其表达方式也不尽相同，有尊贵性的、热情性的、亲昵性的、虔诚性的、祝福性的等。这些礼俗使人感到情真意切，格外温暖亲切，反映出玉树藏族人民纯朴自然、热情真挚、随意大方的民族性格和悠久的历史文化。

（1）敬献哈达。敬献哈达这是玉树地区既最尊贵又最普通的礼俗，象征着尊贵、虔诚和祝福，历史非常久远，相传可追溯到佛祖释迦牟尼时代。传说有一次，佛祖来雪域弘法，当地国王把半壁江山敬献给佛祖，当地的富人也纷纷拿出金银珠宝奉献佛祖，然而佛祖均一一谢绝。有贫穷的母女俩倾其所有，把家里仅有的一件旧白布藏衫拆开后，在洁净的河水里漂洗了七天七夜，然后翻山越岭赶了七天七夜的路，把洁白无瑕的白布藏衫供献给了佛祖。这件藏衫成了佛祖一生唯一接受过的东西，后来逐渐演变为献哈达的礼仪习俗。在玉树需要献哈达的场合很多，节日庆典、红白喜事、乔迁新居、赛马夺魁、迎客送朋、朝圣拜佛、敬谒尊者、关爱晚辈等首先敬献哈达以表示庆贺和祝福。

常用的哈达多为白色，也有黄色和蓝色。上等哈达长九尺，上面织有"吉祥八宝图"或"昼夜永安"等藏文字样，敬献对象为政界要员、大德高僧以及珍贵佛像佛塔等。中等哈达长四尺多，一般哈达长三尺，这两种哈达多用于节庆、婚礼和普通交往。

对活佛、达官显贵或尊者长辈敬献哈达时，躬身低头，将哈达双手举过头后放在座前等低处。若是骑着马，亦可将哈达系在马脖子上。平辈之间或对晚辈献哈达，一般可系在对方的脖子上。有时客人临走时，将一条哈达放在自己坐过的坐垫上，或者由主人放在坐垫上，以示谢忱和思念。

（2）俄吉、嘎勒。对远道而来的人都道一声"俄吉""嘎勒"即"辛苦了"，一般对活佛、和尚、尼姑、医生及达官贵人说"俄吉""格俄吉"等敬辞，对一般人说"嘎勒"，有时也称"德毛"即无恙或顺利平安之意。

才仁、洛加、卡卓、扎西、俄加玛地，这都是分手时的祝福。"才仁""洛加"即长寿，"卡卓"即运气好，"扎西"即吉祥如意，"俄加玛地"对活佛等尊者而言，意为请勿劳驾。

（3）碰额礼和贴面礼。对久别重逢或长时间未曾相见的至亲好友，在互致问候祝福的同时，一般都行互碰额头的碰额礼和互贴面颊的贴面礼，长辈对晚辈或至亲骨肉之间还要行"亲吻礼"，以示亲密。

（4）脱帽礼。遇见活佛、有名望的僧人或藏医、望见寺院或进入佛殿经堂，都要行脱帽礼，男女都要卸下盘在头上的长辫，以示尊敬和虔诚。

（5）磕头。磕头是藏族聚居区常见的礼节，一般在朝觐佛像、佛塔和活佛时磕头。磕头可分为磕长头、磕短头和磕响头三种。

在玉树勒巴沟文成公主庙及各藏传佛教寺院中，常常可见到磕长头的信民。

磕头时两手合掌高举过头，自顶到额、喉、胸进行拱手作揖三次，再匍匐在地，双手伸直，掌心朝上或朝下平放在地，画地为号，然后，再起立重复如前所做。玉树一些虔诚的佛教徒，从住址磕长头到拉萨朝佛，行程数千里，三步一长头，跋山涉水，风餐露宿，历经艰辛，甚至也有朝拜者命归朝圣途中。

在寺庙里，也有一种磕响头的磕头方法。不论男女老少，先合掌连拱手作揖三次，然后拱腰到佛像脚下，用头轻轻一碰，表示虔诚或忏悔之意。

歌 舞

玉树藏语的音译，意为"遗址"。玉树得名还源于部落的名称。传说玉树族开创人垦布那钦建立部落名"玉树"。玉树州西部的治多、杂多、曲麻莱三县为牧区，东部的玉树、称多、囊谦三县为半农半牧区。最有特点的玉树藏族舞蹈分布在东部三县。东部地处玉树高原东部河谷地段，海拔3700米以上，这一带气温相对较为暖和，年平均气温3.7℃，刚好满足青稞、土豆等农作物生长的需要，东部河谷台地小块农业区，亦农亦牧的主要生产生活方式，对玉树藏族舞蹈的生存和发展有多方面的影响。

藏族聚居区三大区域中，玉树属于朵康（朵甘思）地区，位于安多、卫藏、康巴三大文化区的中心，自古以来，玉树是西上卫藏、东下康巴区、北去安多的通衢，成为文化交流的纽带，玉树民间歌舞融汇了藏语三大文化区的不同形态、不同风格并集精华而成自己的风格。

玉树是藏族聚居区中的歌舞之乡，流传至今的歌舞多达400余种。玉树藏族舞蹈主要有卓（锅庄）舞、伊舞、格萨尔舞、热巴舞、锅哇（玉树武士舞）等，以及寺院的宗教跳神舞。大型活动中最常见的是卓、伊两种。

卓舞 卓舞是藏族古老的舞种之一，是今天玉树最有代表性的民间舞蹈。卓舞，汉译为"锅庄"。"卓"在藏语里是当众宣誓之意，相传起源于一千多年前，藏族部族之间的盟誓活动。藏传佛教典籍《智者喜宴》记载，8世纪藏王赤松德赞时期，为庆祝桑耶寺落成，人们跳起卓舞，数日无间断。《皇清职贡图》描写了藏男女合舞的风俗："男女相悦，携手歌舞，名曰锅桩"。玉树卓舞保留男子群舞和男女集体舞两种形式。逢年过节、宗教节日、活佛坐床等喜庆、祭奠之日必跳卓舞，卓舞男女合舞，男队在内，象征太阳，女队在外，象征弯月，女队之首与男队之尾衔接，寓意"日月同辉，吉祥如意"。

卓舞歌词题材广泛，源起颂扬佛法，而延伸为颂扬神山圣水、雪域雪狮、格萨尔王，祈祷吉祥如意、国泰民安等丰富的题材，唱词格律严谨、句式流畅、舞蹈奔放。

玉树地域广袤，聚居区被高山、河流、牧场分割，部落间历史、经济、文化的差异，形成了卓舞的地区特色。如称多县白龙沟卓舞，与流行于州府结古镇新寨的曲卓，就有各自的舞式和着装的特点。

伊舞　　这是玉树特有的民间自娱自乐的集体舞，除了节奏统一外，讲究每个人跳出自己的风格。伊舞不加雕饰，古朴纯真展示古典韵致和个性发挥，常见于节日聚会。在大型节庆活动时，以序舞、正舞、大圆舞的程序进行，除了圆圈舞的队形外，还有"多杰加章"（十字金刚形）、"永忠英庆"、东尕英庆（右旋海螺形），由开始的轻歌曼舞，逐步行进到狂歌劲舞。伊舞的歌词世代沿袭，内容主要是赞美家乡，表达欢快的情感。

格萨尔王传说和格萨尔舞　　《格萨尔王传》是藏族文学巨著，藏民族的史诗。格萨尔大约生活在 6 世纪前后，是藏族聚居区从氏族部落向奴隶制政教合一的邦国家过渡时期。其时氏族部落之间，部族之间的频繁战争，时代造就了格萨尔的传奇。格萨尔出身贫困，母子相依为命，放牧为生。16 岁时赛马选王而为王，并娶珠姆为妻。今玉树治多是相传珠姆故乡之一。格萨尔一生南征北战，统一了大小 150 多个部落，岭国疆域始归一统。

藏族聚居区几乎每个地方都有格萨尔王以及他的部将的传说。格萨尔是玉树藏族舞蹈重要的题材。玉树州当卡寺的格萨尔舞是玉树藏舞的精华。格萨尔舞中的格萨尔王头戴黄色面具，身着铠甲战服，肩插四杆粉边白色三角旗，左手持弓，右手执令旗，腰挎箭囊和宝剑，格萨尔一人独舞与他的六员大将群舞，动作威武雄健，呈现出格萨尔王的雄姿（见格萨尔赛马称王图）。

格萨尔赛马称王图

节　　庆

玉树有浓郁的地域文化，民俗节庆充盈多彩的民族风情。但有节日便是盛大的全民欢乐聚集。人们身着节日的盛装，牦牛驮着帐篷和食物，骑马驾车，汇集一起。在绚丽灿烂草原上，潺潺流水的河滩上，分布星星点点的帐篷。人们转山转水，四处洋溢高亢悠扬的民歌，随处可见多姿多彩的舞蹈。

玉树藏民族传统在节庆中，最隆重的节日是赛马节、治多白螺湖祭祀、三江源水文化节、康巴艺术节、噶玛日孜节、藏历年节等。近年来，水文化活动渗入到这些节庆中。玉树民众对山川河流的天然情感，很自然地将生态环境保护理念融入到传统节庆中。

赛马节　　赛马节是青海规模最大的藏民族盛会，是独特别致的民族风情。每年7—

8月，玉树进入了和风熙熙的温润季节，草原绿草如茵，百花盛开，牛肥马壮，一派欣欣向荣的景象。在这个美好季节里，草原各地的赛马节便相继举行。这是藏族聚居区沿袭已久而规模不等的聚会，是草原最隆重的节日。届时藏族群众身着鲜艳的民族服装，将各自的帐篷星罗棋布地扎在草原上，参加赛马、赛牦牛、藏式摔跤、马术、射箭、射击等活动。赛马节也是藏族聚居区展示民族歌舞、藏族服饰最好的时机，吸引外地的游客前来领略玉树的风采，感受三江源雄浑壮美的大自然与色彩斑斓的藏族聚居区文化。

骑马是草原人民天然禀赋。赛马为人们聚会、展示骑技提供的机会。赛马节以煨桑揭开帷幕，燃柏树枝煨香的敬神祭祀形式是藏族古老的习俗。氐羌祭山祀神和吐蕃征战都是以煨桑祈祷等形式祭祀战神和其他神灵，以求保佑，克敌制胜。这种古老习俗逐渐演变为如今民间赛马节的开场仪式，背负权子怆、横刀立马的男性骑手遵循传统仪规围着煨桑台（顺时针）右转三圈，将美好的祝愿通过袅袅轻烟传递上苍。煨桑仪式后开始了乘马射击、乘马射箭和跑马悬体等马术表演。最后出场的是来自各县（乡）的歌舞等。

三江源地区每年7月为期一周的赛马会。在河流的滩地上，在草原上，五彩缤纷的帐篷点缀在绿草如茵和流水潺潺的河滩上，人们倾家盛装而来，穿戴最漂亮的康巴藏族服饰，在蓝天白云下赛马、歌舞，访亲问友。赛马节期间人们出售自己的农牧产品，也欢快地购物。玉树赛马节是玉树六县民众的嘉年华。

赛马节的历史可以追溯到吐蕃盛世，迄今已有1000多年。赛马节源自格萨尔赛马选王而为王的传说。玉树州政府所在地结古镇的赛马节是三江源赛马节的中心。形势最丰富、参与人数最多。各县（乡）都要组队前往，竞相展示各自的实力和不同凡响之处。2016年首届水文化节融入赛马节活动中，来自祖国各地的各界人士参与其中，赛马节衍生为凝聚各方力量，共同保护三江源的活动。自此赛马节与水文化、水教育结合起来，赋予了玉树传统文化以新的时代内涵（玉树州赛马节及首届水文化节图）。

玉树州赛马节及首届水文化节图（2016 年）

治多白螺湖祭祀　治多县境内的白螺湖是一处温泉出露的天然湖塘，只有方圆数百米，但是被认作是藏族聚居区的神湖。对江河湖泊的崇拜，是藏族先民原始自然崇拜的重要内容之一。白螺湖所在的治多县是传说格萨尔王妃嘉洛·森姜珠姆的故乡和出生地，这里有祭祀水神的传统。祭祀的仪式感极强，所有的参与者在湖边围成一圈，治多县格鲁派寺院贡萨寺的喇嘛携带着全套法器，盛装进入会场，鼓乐之后诵读《白龙经》《黑龙经》，祈福风调雨顺、国泰民安、吉祥安康。最后主祭喇嘛将神水洒向人群，人们发出一阵阵的欢呼，人人都期望得到湖水的滋润，为灵魂得到净化而欣喜。

三江源水文化节　2016 年 7 月 25 日，玉树州首届三江源水文化节与赛马节同时在玉树州府所在地结古镇举行，水利部、中共中央组织部、共青团中央等部委派出代表，水利、环境、文化各界专家学者与会。同时，在三江源区各县启动了"关爱山川河流,保护江河源头"行动志愿者倡议活动,呼吁全社会为保护"三江源"良好生态,丰富和提升"三江之源、圣洁玉树",建设美丽中国贡献力量。

三江源水文化节是藏族聚居区民众与全国人民分享三江源文化的纽带,使来自祖国各地各界人士接受江河文明的洗礼。当人们远离城市的繁华与尘嚣,来到江河发源地,不仅领略三江源的风土人情,更是与江源人民一起参与到保护三江源的行动中。自此以后玉树州每年举办水文化节。2019年,水文化节期间举行了祈福三江源仪式。主题鲜明、形式生动的水文化活动,使更多的人走入玉树,尊重自然,保护三江源的理念更加深入人心。人们从这些丰富多彩的文化活动中,不仅体验了丰厚的玉树水文化,更是认识到保护三江源、保护亚洲水塔不仅是源区人民的责任,更是流域各地、社会各界应尽的义务。

三江源水文化活动引起了各方专家的关注,也推动了三江源水文化的研究和发掘。自2016年以来中国水利水电科学研究院、中国社会科学院当代所、近代所的水利、社会学专家连续几年参与玉树水文化活动和三江源保护调研,切身感受保护三江源的任重道远。来自不同领域的专家、学者呼吁江河祭祀纳入国家祭祀体系中,从文化层面唤起公众对三江源的关注。

三江源水文化考察(2016年)

水利、社会学多学科的玉树地区水文化考察成员（2017年）

玉树州赛马节暨首届水文化节（2016年7月）

三江源人文

治多县水文化节白螺湖煨桑（2016年）

各拉丹冬雪峰下风嘛呢——祈福长江（2020年）

康巴艺术节　康巴艺术节是康巴地区联合举办的艺术节，亦称"青、藏、川、滇毗邻地区文化艺术节"。参加的地区有青海省玉树藏族自治州、西藏自治区昌都专区（市）、四川省甘孜藏族自治州及石渠县、云南省迪庆藏族自治州，每3年举办一次。是由玉树藏族自治州倡导发起的，首届康巴艺术节于1994年7月25日在玉树藏族自治州举办，历时7天。

艺术节期间，玉树州共组织6个歌舞演出队，7个民族服饰表演队及1个寺院宗教舞蹈队。昌都专区、迪庆藏族自治州、甘孜州及石渠县等地区带来了舞蹈队和服饰表演队，演职人员达2300多名。艺术节节目丰富多彩，共有舞台节目5台，广场节目12台，表演项目5场，观众达25万人次。首届康巴艺术节所涉及地区之广，参与人数之多，在玉树历史上尚属首次。艺术节以继承弘扬藏族传统优秀文化为目的，集中展示了康巴藏族传统文化的独特魅力，增进了毗邻地区间的友谊，推动了民族文化和经济贸易交流。第二届康巴艺术节由迪庆藏族自治州主办。第三届康巴艺术节由昌都专区（2014年改为昌都市）主办。第四届康巴艺术节由甘孜藏族自治州举办。以此类推，轮流主办。

噶玛日泽节　噶玛日泽藏语意为弃山星。传说此星光照耀过的河流湖泊均成为药水而形成藏俗的"沐浴节"。每年藏历七月六日开始，为期7天。藏历认为沐浴节是弃山星昼出夜隐的时季，在这7天里藏族聚居区各地都能用肉眼看到南天出现的弃山星。在此，期间，玉树男女老少都要到附近的江河里洗澡，人们还在江河两岸搭起帐篷，唱歌跳舞，洋溢着欢乐的节日气氛。

人们把天上出现弃山星的7昼夜定为沐浴节。可由一个十分感人的故事说起。相传有一年，可怕的瘟疫在草原流传，许多牧民卧床不起，有的被夺取了生命。这时，著名的藏医宇妥·元丹贡布不辞辛劳，为一家又一家患了瘟疫的牧民治病，病人吃了他给的药都恢复了健康。不幸的是宇托医生去世了，生命垂危的病人只好跪在地上，向神灵祈祷，希望在天国的宇托医生垂怜牧民的病痛，保佑人们战胜瘟疫，恢复健康。说来也巧，有一天，一个被病魔缠身的妇女做了一个梦，梦见宇妥医生告诉她说："明天晚上，当东南天空出现一颗明亮的星星时，你下到吉曲河洗澡，病就会自然痊愈。"这个妇女在河里洗澡后，觉得浑身凉爽，心中畅快，果然，疾病立刻消除了。这件事传开后，所有的病人都下河洗澡，从而消除了病痛，恢复了健康。人们深信，那颗奇特的星星是宇托医生变的。宇托医生在天国看见草原上的人们仍遭瘟疫之灾，他却不能再回到人间来治疗，于是把自己化作一颗星星，借星光把江河变成药水，让人们用这种药水洗澡从而消除疾病。因为天神只给宇托医生7天假期，那颗星星也就只出现7天。从此，藏族人把这7天定为沐浴节。

玉树藏族聚居区同其他藏族聚居区一样，每年这个时候，都要到附近的江河里去沐浴，祈望祛病健身，延年益寿。沐浴节期间，人们还拆洗被褥和衣服，对行动不便、不能下河沐浴的年迈体弱者，也要在家里进行象征性的沐浴。

藏历年节　藏历年是玉树藏族最隆重的传统节日，其形式与整个藏族聚居区大同小异，但有其自己的地域特色。藏历十二月中旬开始置办年货，缝制新衣，酿造青稞酒，准备供佛敬神的酥油灯和"切玛"等供品。除夕之前，房屋、院落要清扫干净，室内布置一新。二十九日前清扫厨房，用干面粉在墙壁上点画八瑞吉祥图，将从厨房墙上及烟囱里清除的烟灰倒在离家不远的道路上洒成九个黑点图案。二十九日到附近寺院观看"抛施食子"庙会。除夕夜里要吃"古突"即用大米、蕨麻和各种果品熬煮的"九宝粥"。

大年初一，人们天不亮就起床，妇女们披着满天星光到河边背"晨星水"，藏语称"嘎曲"。藏族人认为，这一天星光照耀下的河水里流淌着雪狮的纯净乳汁，是经诸佛菩萨洗礼而变得非常圣洁的降自天界的甘露，能够净化人间的一切污秽和不祥，因此把头水供佛后，在水里掺上点牛奶用于漱洗，在漱洗过程中说些祝福吉祥和除秽清污的祝词，接着燃烧柏枝煨桑，呼喊"拉加洛"（胜利之意），孩子们燃放鞭炮。吃年饭。初一是阖家团聚的日子，除看望父母等长辈外，亲戚朋友间互不拜年串门。自初二开始互相拜年祝福，唱歌跳舞，拔河摔跤，玩"帖核"即羊踝骨游戏、转圣山撒"风马"以及去天葬台祭祀亡灵。过年期间，忌说不吉利的话，忌吵嘴、斗殴，男女老少都要穿新衣裳，尤其是姑娘们身着节日盛装，佩戴珍贵漂亮的饰物，形成了节日里最引人注目的亮点。男女青年欢聚在一起围着篝火唱歌，尽情娱乐。

三江源地理认知与科学考察

长 江 源

历史时期的长江源认知 长江源的记载，始于春秋战国时期（公元前475—前221年）成书的《尚书·禹贡》《山海经》。《尚书·禹贡》："岷山导江，东别为沱。"禹疏导长江，始于岷山，这是2000年前的江源地理认知。类似的记载还有：《山海经·中山经》"岷山，江水出焉，东北流注于海"，《荀子·子道篇》"江出于岷山"。北魏（386—534年）郦道元《水经注》："岷山在蜀郡氐道县，大江所出。东南过其县北。岷山，即渎山也，水曰渎水矣。又谓之汶阜山，在徼外，江水所导也。"氐道县，西汉置，在今甘肃武山县东南，是长江支流嘉陵江源嶓冢山所在。嘉陵江也曾经被指为长江源流。

东汉至北魏，即1世纪至4世纪时，长江上游金沙江开始出现在文献记载中。班固《汉书·地理志》："（越巂郡）遂久（县），绳水出徼外，东至僰道（入）江。"遂久在今云南宁蒗彝族自治县境，绳水即金沙江；僰道即今四川宜宾县。《尚书》经书的地位，囿于"岷山导江"之说，其时视金沙江为江水支流，称"绳水入江"。

唐代（618—907年）对江源地理的认知有所突破。7世纪吐谷浑、吐蕃统治时期，汉藏之间入贡、通婚、通市、和盟等互派使节，交往频繁。玉树地区成为由长安（今西安）至西藏的"唐蕃古道"中关键的一段，玉树境内的通天河是当时的重要通道，由此金沙江上游的通天河人文地理逐渐为外界所知。成书于9世纪的（唐）樊绰《蛮书》（又称《云南志》）："……与磨些江合，源出吐蕃中节度西共笼川犛牛石下，故谓之犛牛河"。《文献通考》记载："多弥，亦西羌族，役属吐蕃，号难磨，滨犁牛河，土多黄金。"磨些江、犛牛河（以沿江有磨些部落，共陇川犛牛石而得名。犛即牦，有的古籍讹为犁，又有的讹为丽。余不另注。——编者）即金沙江。

宋元时，长江上游金沙江之称见于记载。《元一统志》："金沙江，古丽水也，今亦名丽江。白蛮谓金沙江，磨些蛮谓漾波江，吐蕃谓犁枢。源出吐蕃共陇川犁牛石下，亦谓之犁牛河。……此江沿河皆出金，白蛮遂名曰金沙江。"

明嘉靖年间（1522—1567年）绘制的《广舆图》已经绘出了金沙江水道河道。同时期人杨士云的《议开金沙江书》云："金沙江，古名丽水，源出吐蕃界共龙川犁牛石下，名黎水，讹犛为丽。……夫云南四大水，惟金沙江合江汉，朝宗于海。"金沙江与长江仍为支流与干流的关系。直至明末，地理学家徐霞客循金沙江而上，抵云南石鼓附近，发现金沙江远长于岷江，在他的《江源考》（又名《溯江纪源》）中纠正了"岷山导江"之说，指出"江亦自昆仑之南"，"发于南者，曰犛牛石，南流经石门关（今云南石鼓北），始东折而入丽江，为金沙江"。"余按岷江经成都至叙（今宜宾），不及千里，金沙江经丽江、云南、乌蒙（今昭通）至叙，共二千余里，舍远而宗近，岂其源独与河异乎？非也！河源屡经寻讨，故始得其远；江源从无问津，故仅宗其近。其实岷之入江，与渭之入河，皆中国支流。而岷江为舟楫所通，金沙江盘折蛮僚溪峒间，水陆俱莫能溯。既不悉其孰远孰近，第见《禹贡》'岷山导江'之文，遂以江源归之，而不知禹之导，乃其为害于中国之始，非其滥觞发脉之始也。导河自积石，而河源不始于积石；导江自岷山，而江源亦不出于岷山。岷流入江，而未始为江源，正如渭流入河，而未始为河源也。"明确提出："故推江源者，必当以金沙（江）为首。"至此，徐霞客纠正了"岷山导江"的传统认识。徐霞客不仅以河流长度定义了金沙江是长江的正流，更是指出了江源认知的文化观。

17世纪时和硕特蒙古于新疆兴起，1637年其首领固始汗（藏族称丹僧曲加宝）率部族入青海，据有青藏75年之久，三江源因此许多山川以蒙古语命名。清代，康熙帝绘制全国舆图，康熙四十七年至五十七年间（1708—1718年），多次派人考察青藏地区，《清内府一统舆地秘图》绘出了通天河及其水系。乾隆二十六年（1761年）礼部侍郎齐召南著《水道提纲》，对江源水系有了更为详细的叙述："金沙江即古丽水，亦曰绳水，亦曰犁牛河，番名穆鲁乌苏……出西藏卫地之巴萨通拉木山东麓，山形高大，类乳牛，即古犁石山也。"《水道提纲》第一次描写了长江源头的水系和水文景观。"其西北一源最远，出巴萨通拉木之西五百里，……水曰喀齐乌兰穆伦（即今尕尔曲）。……其南一源出拜都岭，北流曰拜都河，自南行三百里来会，水势始盛（拜都岭在巴萨通拉木山东南三百里，……西为噶尔占古察岭，又西为巴萨山）。三源既合，东北曲曲流有阿克达木河（即今当曲），合二水自南来注之（……东北流五百数十里入金沙江。）北流稍折而西北，有托克托鼐乌兰穆伦（即今沱沱河）自西北九百余里，曲曲流来会。"直至20世纪50年代前有关江源的著述，其详尽程度首推《水道提纲》。

19世纪后半叶至20世纪30年代70多年间，美国人、英国人以考察、旅行等名义到青藏地区有140多人次，到江源区的有美国人洛克希尔和英国人韦尔伯。1892年洛克希尔由柴达木盆地南越昆仑山，沿今青藏公路线到达尕尔曲沿；1896年英国人韦尔伯曾到达楚玛尔河上游的叶鲁苏湖一带。距今天认定的长江源头各拉丹冬雪山尚有100多公里距离。

近代，江源源头众说纷纭。以两源说为多：一说长江源于青海、西藏交界的唐古拉山；一说长江源出巴颜喀拉山，错误地把长江发源地说成是巴颜喀拉山南麓。后一说将巴颜喀拉山认定为长江和黄河源的分水岭，当时的地理教科书也多采用此说，以致产生了江、河同源于一山的谬传。直到20世纪70年代经过航测和江源区的科学考察，终于确定了长江三源，沱沱河为长江正源。

现代长江源测绘　1970年，中国人民解放军测绘部队开始青藏高原无图区测绘地图。经过唐古拉山脉各拉丹冬雪山群的航测，以及海拔5000米实地勘测，1975年完成长江源无图区测绘。在长江源1：10万航测图上第一次注明了沱沱河源、尕尔曲源、布曲源及楚玛尔河源，并详尽精确地绘制出江源无人区河流水系、山脉位置。据此可以明确定位各拉丹冬雪山群的姜根迪如和西侧的尕恰迪如岗之间的沱沱河源头。

江源科考与长江源确定

第一次考察。1976年7月21日至9月9日，在长江流域规划办公室主任林一山主持下，科研技术人员和兰州军区官兵共28人组成江源调查组，对历史上从未探明的长江源头进行了以河流为主的综合性考察。调查组的来自长办的石铭鼎、原更生，人民画报社茹遂初、刘启俊（记者），人民中国杂志社沈延太（记者），中央新闻纪录电影制片厂史学增（摄影师），葛洲坝工程局齐克（记者），青海日报社王启发（记者）等8人，骑马到达长江源姜根迪如冰川，攀登至海拔5800米雪线附近冰川。考察组认定长江上源沱沱河发源于唐古拉山脉主峰各拉丹冬雪山西南侧，由南向北切穿祖尔肯乌拉山，然后折转东流，纠正了以往认为沱沱河发源于祖尔肯乌拉山北麓的错误。考察组提出沱沱河为长江正源，经测算长江长度由5800公里，更正为6300余公里，超过密西西比河，为世界第三长河。这次考察引起国内外广泛关注，考察成果得到应用。

第二次考察。1978年6月21日至9月下旬，在兰州军区的协助配合下，长江流域规划办公室组织了第二次江源考察。这次考察，补充调查了当曲源头，继续考察了长江源地区的水系和自然情况。至此，江源地区的自然地理特征和主要河流情况已基本清晰，为全面论述长江源提供了科学依据。此次考察共60人，有地质、测绘、地理、水文、冰川、生物、新闻、摄影等不同专业人士参加。考察组确定长江为三源：沱沱河居中，当曲为南源，楚玛尔河为北源。

航测和两次考察江源的成果，为最终确定长江源提供了翔实的依据。沱沱河居中，南有当曲，北有楚玛尔河组成江源水系。长江源沱沱河、当曲和楚玛尔河各具特色。长度：至江源区出口，当曲略长于沱沱河，楚玛尔河最短；流域面积：当曲居首，楚玛尔河次之，沱沱河最小；流量：当曲约分别为沱沱河或楚玛尔河的5倍；流向，沱沱河与通天河较为一致；河谷发育，当曲较早；源头地貌，以沱沱河源头气势最为宏伟，雪山高耸，海拔最高，冰川庞大，其他两河源头均无冰川。长江流域规划办公室于1987年12月29日将江源结论报备水利电力部等，最终确定沱沱河为江源正源。

黄　河　源

历史时期的黄河源认知与考察　春秋战国时期，对黄河源的认知，达到了青海境内的积石山。《尚书·禹贡》："（禹）导河积石"。禹所至的"积石"，应即今青海省果洛藏族自治州境内的阿尼玛卿山，即大积石山。

西汉时已经有对河源区自然环境，以及黄河干流经行的记载。《山海经·海内西经》记载："海内昆仑之墟，在西北，帝之下都。昆仑之墟，方八百里，高万仞。……河水出东北隅，以行其北，西南又入渤海。又出海外，即西而北，入禹所导积石山。"《史记·大宛列传》："于阗之西，则水皆西流，注西海；其东水东流，注盐泽。盐泽潜行地下，其南则河源出焉。"《尔雅·释水》："河出昆仑虚、色白，所渠并千七百一川，色黄。百里一小曲，千里一曲一直，河曲。"类似的记载还有西汉淮南王刘安的《淮南子·地形训》："在昆仑阆阓之中，是其疏圃。疏圃之池，浸之黄水，黄水三周复其源，是谓丹水，饮之不死。河水出昆仑东北陬，贯渤海，入禹所导积石山。"这是继承先秦时期河出昆仑注入渤海的认知，延伸到"河出昆仑"后河水经行，由地中行，禹导而通之，是谓《尚书·禹贡》的河出积石。这是两千年前河源区的地理认知，与现代地理不符之处囿于尚不明晰在黄河出源区后黄河上游、中游的经行。

（东汉）班固《汉书·西域传》划出河源区的范围："河有两源，一出葱岭山，一出于阗。于阗在南山下，其河北流，与葱岭河合，东注蒲昌海。蒲昌海一名盐泽者也，去玉门、阳关三百余里，广袤三百里。其水亭居，冬夏不增减。皆以为潜行地下，南出於积石，为中国河云。" 东汉基于先秦中国的地理概念，命名河水曰：中国河，这是黄河在大一统中国最早的文化表达。但是，在地理概念上仍有错讹，罗布泊海拔768米，星宿海海拔4318米，黄河第一曲积石山下海拔为3429米，两处分别比罗布泊水面高3550米和2661米，罗布泊之水不可能潜发于积石或星宿海。河源出西域葱岭、盐泽，以及"重源潜发"之说，是两千年前对河源地理认知一直存在的误区。

毕竟两千年前对黄河源地理的认知，确立了"河出昆仑"的范围，已经在地域上接近了。那些成书于先秦至西汉时期的文献，对黄河源区细流密布归于一源，以及由于源区河流流经不同的地质区，因矿物质的影响而呈显现出不同的颜色等方面都有较为准确的描述。从战国时期到汉代在很多文献中对黄河源自然环境、干流都有经典的表述，可谓对黄河地理认知质的突破。500多年后，隋唐时期，现代地理的黄河源概念逐渐建立起来。

隋唐时期，鲜卑族的吐谷浑入据青海西部，占据河源一带的多弥与苏毗等羌族部落成为吐谷浑属地。至隋大业五年（609年），隋平吐谷浑，置西海、河源等郡。7世纪时中央政权已经认定河源所出非西域葱岭。

唐朝曾对西陲吐谷浑、吐蕃多次用兵。唐初吐谷浑屡屡侵犯唐境，贞观九年（635年），以李靖为行军大总管，任城郡王李道宗与侯君集率南路大军，追击吐谷浑，至河源柏海（扎陵湖）。《新唐书·西域传》记唐朝大军"次星宿川，达柏海上，望积石山，览观河源"。黄河河源上溯至今星宿海、扎陵湖。盛唐时，唐蕃联姻，始于唐的唐蕃古道，200年间使臣、商贾往来不断。由长安至藏地均取道河源区。贞观十五年（641年）文成公主入藏和亲吐蕃王，由礼部尚书江夏郡王李道宗奉命持节护送，吐蕃王松赞干布亲迎于柏海。《新唐书·吐蕃传》记载了河源区黄河地理情况。"河之上流，繇洪济梁西南行二千里，水益狭，春可涉，秋夏乃胜舟。其南三百里三山，中高而四下，曰紫山，直大羊同国，古所谓昆仑者也。虏曰闷摩黎山，东距长安五千里。河源其间，流澄缓下，稍合众流，色赤。行益远，它水并注则浊，故世举谓西戎地曰河湟。"唐代黄河源头地名有了星宿川（意为星宿海）、柏海（扎陵湖）、紫山（今巴颜喀拉山）等，黄河源区的地理方位已经接近了现代黄河源的地理认知，对黄河源头水流特征、山脉、湖泊自然地理也有了明细的了解。

唐末至两宋时，中央政权失去对西部控制，明代三江源为北元所据。对黄河源的探究在元朝、清朝重新得到重视。元至元十七年（1280年），都实受命探河源。都实一行自河州（今甘肃临夏市）宁河驿出发，过杀马关，至积石山东，然后溯黄河而上，历时四月到达河源。后来翰林侍读潘昂霄据都实之弟阔阔出的转述，著《河源志》。《元史》引为《河源志附录》。《河源记》记："河源在吐蕃朵甘思西鄙，有泉百馀泓，或泉或潦，水沮洳散涣，方可七八十里，且泥淖溺，不胜人迹。逼观弗克。旁履高山下视，灿若列星，以故名火敦恼儿。火敦，译言星宿也。"都实描述了河源区泉水出露汇为黄河最早源头的情景，明确指出黄河源于星宿海。《河源志》还细致地记载了源区自然景观和动植物情况："昆仑以西，人简少，多处山南。山皆不穹峻，水亦散漫，兽有氂牛、野马、狼、狍、羱羊之类。" 这是历史时期对黄河源地理位置最接近现代地理学的记载，也是源区环境的最为细致的记载。

康熙四十三年（1704年），侍卫拉锡、舒兰等奉康熙皇帝之命考察河源。他们在奏折中详尽地描述了黄河源的自然地理，以及山脉、河流、湖泊的名称。"臣等于四月初四日自京起程，五月十三日至青海，十四日至呼呼布拉克，贝勒色卜腾札洱同行。六月初七日至星宿海东，有泽名鄂陵，周二百余里。鄂陵西有泽，名扎陵，周三百余里，二泽相隔三十里。初九日，至星宿海，蒙古名鄂敦塔拉。登高山视星宿海之源，小泉万亿，不可胜数。周围群山，蒙古名为库尔滚，即昆仑之意也。南有山，名古尔班吐尔哈（今左漠山），西南有山名布胡珠尔黑，西有山名巴尔布哈，北有山名阿克（塔）因七奇（阿克坦齐钦），东北有山名乌兰杜石。古尔班吐尔哈山下诸泉西番名噶尔玛塘，巴尔布哈山下诸泉名噶尔玛春穆郎，阿克塔因七奇山下诸泉名为噶尔玛沁尼，三山之泉流出三支河，即古尔班索罗谟（蒙古语，为三条黄河源也）。三河东流入扎陵泽，自扎陵一支流入鄂陵，自鄂陵泽流出则黄河也。"拉锡后来将此次考察经历写就《河源记》，附《星宿河源图》。

为了编制《皇舆全览图》，康熙四十七年（1708年）、康熙五十六年（1717年）两次派人测绘青海、西藏地图。此行逾河源，涉万里。康熙五十七年（1718年）《皇舆全览图》全部告成，称内府舆图。共分35幅，其中有河源图一幅。

乾隆四十七年（1782年），乾隆帝以内府舆图、河源图等并未探清黄河正源，又派大学士阿桂之子乾清门侍卫阿弥达前往青海，"务穷河源，告祭河神，事竣复命，并据按定南针绘图具说呈览"。阿弥达四月初三至鄂敦他拉东界，即星宿海东，……初六日望祭玛庆山。查看鄂敦他拉共有三溪流出，自北面及中间流出者，水系绿色，从西南流出者水系黄色。即沿溪行走四十余里，水遂伏流入地，随其痕迹又行二十余里，复见黄流涌出，又行三十余里，至噶达素齐老地方，乃通藏之大路。西南一山，山间有泉流出，其色黄，询之蒙番等，其水名"阿勒坦郭勒"，此即河源也。此次源头考察，将黄河源头推进到了星宿海西南的阿勒坦河，阿勒坦河即今天的约古宗列曲。乾隆朝编纂《四库全书》时将自汉迄清凡正史及各家河源辩证诸书，汇集而成《钦定河源纪略》及《河源图》，作河源诗冠于卷首及《河源图》上。

19世纪，印度人、法国人、俄国人、英国人、美国人先后进入西部河源区探险勘查。清光绪八年（1882年），法国人窦脱勒依与格勒纳尔，以科学考察为名，曾两次潜入西藏、青海，偷测山川湖泊，绘制包括黄河源地区的《西藏全图》。图中扎陵湖在西，鄂陵湖在东，并写有《中亚西亚》和《亚洲高原科学工作》等书。1904年《西藏全图》译为汉文。清光绪十年（1884年），俄国人普尔热瓦尔斯基率21人的武装探险队，由蒙古经宁夏进入青海西部，越布尔汉布达山，至河源星宿海东口，南行至通天河，途经扎陵、鄂陵两湖南沿，探测二湖及星宿海东部地形，非法命名扎陵、鄂陵为"探险队湖"和"俄罗斯人湖"。鄂陵湖南岸遭遇藏族同胞的阻止，残暴开枪，死伤40余人。20世纪前后美国人、法国人、英国人、俄国人先后在星宿海、扎陵湖、鄂陵湖考察。黄河源自然和人文地理逐渐为世界所知晓。

1916年，周希武考察玉树，调查民族分布与疆界，著有《玉树调查记》和《玉树县志稿》。1944年，中华书局印行的《青康藏地图》（比例尺1∶285万），反映了周此次考察的成果。

近代的青海地图，在河源部分基本沿用清代考察和一些外国人的测绘资料。对河源的地理认知止于星宿海。

现代河源考察与河源确定　　1952年，黄河水利委员会组织查勘队，开展对河源的查勘。1953年1月21日，时任黄委会办公室副主任项立志和黄委会工程师董在华在《人民日报》发表了《黄河源查勘记》（附示意图），提出：①黄河不是发源于噶达素齐老山下的星宿海，而是发源于雅合拉达合泽山以东的约古宗列曲。在河源地区也找不到有"噶达素齐老峰"这座山，否定了沿用200多年的"黄河发源于巴颜喀拉山东麓噶达素齐老"说法。②关于扎陵湖、鄂陵湖两湖的位置，提出东为扎陵湖，西为鄂陵湖。1953出版的《中华人民共和国分省地图》，据此修改了两湖位置。

　　1978年，青海省测绘局根据地名普查资料，在编纂《青海省地名录》工作中，发现现行地图上所标的扎陵湖和鄂陵湖位置、名称与历史文献的记载相矛盾，与当地群众的称谓也不一致。同时，黄河正源发源地也众说纷纭。为此报请国家测绘总局，经国家测绘总局与青海省人民政府函商，对河源和两湖开展实地调查。国家测绘总局、青海省地质局、青海省水利电力局、青海省测绘局和青海省地名录编辑组、青海省民族学院、西北高原生物研究所，以及中国科学院地理研究所、中国社会科学院历史研究所、北京大学地理系参与了这次考察。

　　1978年7月开始实地考察。考察分为两组，一组从玉树藏族自治州的曲麻莱县，一组从果洛藏族自治州的玛多县进入两湖地区考察。考察组在果洛州的玛多县、玉树州的曲麻莱县，先后分别召开各种调查会共17次，参加人数总计129人次。这次考察纠正了1952年的错误，确定西为扎陵湖，东为鄂陵湖，国务院于1979年2月2日正式批准更名。1978年的黄河源考察还决定了黄河正源。根据长度、流量、流域面积、传统习惯等因素综合分析，将发源于巴颜喀拉山北麓各姿各雅山的卡日曲定为黄河正源。

　　直到20世纪80年代初黄河正源的争论仍在继续。卡日曲（南源）和约古宗列曲（北源）为黄河正源都有历史记载和史实依据。1985年黄河水利委员会确认玛曲为黄河正源，并在约古宗列盆地西南的玛曲曲果树立了河源标志（见黄河源地理标志图）。

黄河源地理标志图（玉树州曲麻莱县麻多乡，海拔4500米）
（此为冒出地表的第一处泉水，左为玉树州副州长，右为海河水利委员会纪检组组长靳怀堾）

黄河径流形成，此为黄河源第一桥（曲麻莱县麻多乡，海拔4200米，2019年）

澜 沧 江 源

澜沧江源考察　唐咸通年间（860—873年），安南经略使（驻交趾，治今越南河内）蔡袭出使南诏，幕僚樊绰同行。樊绰奉命调查南诏风土人情，后著《蛮书》。在《蛮书》山川江源记曰："兰沧江，源出吐蕃中大雪山下莎川。东南过聿赍城西，谓之濑水河，又过顺蛮部落。南流过剑川大山之西。兰沧江南流入海。龙尾城西第七驿有桥，即永昌也。两崖高险，水迅激。横亘大竹索为梁，上布簧，簧上实板，仍通以竹屋盖桥。其穿索石孔，孔明所凿也。昔诸葛征永昌，於此筑城。今江西山上有废城，遗迹及古碑犹存，亦有神祠庙存焉。"这是对澜沧江江源和上游河段自然和人文的最早记录。及至20世纪初，自然地理学范畴的澜沧江江源调查，才真正开展起来。

1914年甘肃勘界大员周务学，及其随员甘肃天水人周希武、甘肃洮阳牛载坤考察玉树通天河及澜沧江流域。此行考察结束后，牛载坤制成我国现代《玉树地区简图》。周希武著《玉树调查记》，记玉树山川风俗，形势要隘，社会经济。1919年由上海商务印书馆印行。这是澜沧江源头的第一次考察。此次考察认定了澜沧江上流二源，即北源杂曲河，南源鄂穆曲河。北源杂曲源头在地名称杂纳荣的地方，这里海拔4900米，是群山环抱的大草原。杂曲源出扎纳日根山，流经杂纳荣群果扎西湖区，至杂多县城汇成杂曲潺潺河水。

澜沧江源说　澜沧江上流有二源：北曰杂曲河，南曰鄂穆曲河。

（1）杂曲河。杂曲河发源格吉西北境果瓦那（拉）沙拉山麓，有南北二源：南源曰杂那云，北源曰杂尕云。二水东流，至扎西拉贺寺之西相合，名杂尕拉松多（番人谓两水之交曰松多）❶。杂尕拉水东南流，至阿杂松多，阿云水自西南来入之（阿云水出中坝当拉岭之东麓，二源并发合流，东北注至阿苏松多。苏旺云水自西来入之；阿云水又东北流，至阿杂松多与杂尕拉水相会）。是为杂曲河。东南流，右受可儿衮云、加戎云二水，又东南至杂蒲多，蒲儿曲水自北来入之（水出子让

---

❶　本文括号内文字均为作者自注。

公喀地方，南流，西受腊梅郎水，东受然知云水，又南流，至杂蒲松多，入杂曲河）。瓦里郎水自南来入之，又东流经儿鲁寺、作庆寺之南（有渡口，名泗欠惹瓜）。左受六水，右受一水；又东，勃弱水自北来入之（勃弱水出子叩勒马朵拉山，东南流至巴乜寺，借鲁云水自东北来入之；又东南流至勃弱松多，沙庆水自东北来入之；折南流，入杂曲河）。又东南流，庆摸云水自东北来入之；尕尼云水自西南来入之；又东南流，群摸水自东北来入之；又东流，班木云水自西南来入之；又东入囊谦境，倒泽云水自南来入之；折东北流，多各觉水自北来入之。又东流，经达朗喀庄北，又东，果鲁云水自南来之；又东，入觉拉寺境，年曲水自西北来入之（水出囊谦西北境奢乃拉山东麓，左右各受一水；东南流，至尼牙寺，左右又各受一水；又东南流至觉拉寺西，入杂曲河）。又东流，经觉拉寺南，又东南流，左受三水；右受三水；又东南，顾且云水与觉云水合流，自东北来注之；又东经尕衮云地方南，右受一水；又东，仍入囊谦境，喀拉陇水自东北来入之；又东南流，至坎达庄西，龙光碛水自东北来入之，叶浪尕碛水自东来入之；又东，经苏尔莽境出界，至昌都之达赖喀庄左，合子曲河，又南流，至昌都，与鄂穆曲河合，是为澜沧江。

子曲河发源格吉东北境子叩勒马尕拉山之北麓，名子庆云水，东流，子当得郎水自西北来入之；又东，尕种工马水自北来入之；又东至子野永松多子群云水自西南来入之；又东，左受子借木郎水，右受三水；又东，左受子革马水；又东南流，右受一水，入拉休境，简仓曲水自北来入之；又东，达木云水右挟二水，自东北来入之；又东，左右各受一水；又东，日庆科水自北来入之；又东，右受一水，折东南流，多拉马果水自北来入之；折南流，色拉陇水自西来入之；又南，至落果惹瓜（川边所谓俄洛渡也）。陇曲水自东来入之（水东北出尕拉山，三源并发，合流南注，名波录云。左受曳吉水；折西南流，经陇喜寺，南折西流，入于子曲河）。又南流，榜曲水自西来入之；折东流，左受龙牙郎、惹群郎二水；入苏尔莽境，屈曲东南流，右受将喀郎水；又东南，至吹灵多多寺西，咱辄云水自东来入之；又折而南，又折而西，至囊结载寺东南，药曲水自西来入之；又折而南流，经尕登寺西，左右各受一水；又南，姚那云水自西来入之；又南，至多忍多庄东，姜云水自东北来入之（水出扎武南境惹乃拉山，有东西二源，南流至何载尼庄合流，西南至多忍多庄东，入子曲河）。又南，出界川边同普县境，左受改曲河；西南流至昌都之达赖喀庄，入杂曲河。

曹曲水，源出扎武境内，有东西二源：西源出恩扎拉山，曰建曲，东南流，经拉午寺南，又东南，至柴问多通与东源会。东源出果拉山，曰协曲，南流，经东错寺东，又南，与西源会，是为曹曲。东南流，入苏尔莽属地，经德色提寺东，又南经俄洛达庄东，又南，出界入川边同普县境，至曹改松多，与改曲会（改曲出川边邓柯县境，西南流，入同普县境，至曹改松多，与曹曲合）。又西南，入子曲河。

按子曲本杂曲之支流，曹曲又子曲之支流，而交会之处，皆不在境内，故特附于干流之后，低一格以示别（下巴儿曲河仿此）。

（2）鄂穆曲河。鄂穆曲河上流，名解曲，发源藏边琼布纳鲁木他马族北界，当拉岭东北麓，有东西二源：东曰穆云，西曰桑云。东北流，至中坝南境穆桑巴吾松多合流；又东北流，至保吾野永松多，保云水自西北来入之；折东流，左受二水，又东，巴儿俄郎水自北来入之；又东，经更那寺南，右受二水；又东，经龙喀寺南，北受一水，邦乃郎水自西南来入之；又折东南流，邦群云水自东北来入之；又东南，钩曲郎、巴那郎二水自西南来入之；又东南，至囊谦西境，姚云水自北来入之；养云水自南来入之；又东南，雅木曲水自南来入之；又东南，桑木曲水自南来入之（桑木曲水出琼布色扎族北界，北流入苏鲁克南境，又北，入于鄂穆曲河）。自此以下，名鄂穆曲。又东南，经轵布结郎庄之南，又东，至巴色果庄南，友云水自东北来入之；又东南流，有多惹郎、哈冷郎二水自北来入之；又东南，貊曲水自西南来入之，又东南，经挞哈寺北。又东，经改九寺北（有铁桥）。又东南流，至莽达寺西，巴儿曲水自囊谦来，东南流入之；又东南流，至昌都，与杂曲河会。

巴儿曲水，源出囊谦西境尕纵拉山，南北二源，至拉庆寺合流东注，经各尼巴地方，北受一水；折东南流，玳瑁寺水自东北来入之；又东南，名巴云；又折东流，至当巴拉，陇当云水自北来入之；又东流，左受一水，折东南流，经囊谦千户所驻色鲁马庄之西，有小水自东北来入之；折东南，入一石硤，甚险要，约一里出硤，干宗朗水自西南来入之；又东南流，至干达寺西南出境；又南流，至昌都之莽达寺西，入鄂穆曲河。

拉休西北境，有泊曰仁庆永错，周围二十余里；泊之东北三十余里，有小泊，曰色错，周围七八里，属玉树将赛族牧地。

——引自周希武《玉树调查记》，1919年

文 献 辑 录

《海内西经》❶

海内西南陬以北者。

后稷之葬，山水环之。在氐国西。

流黄酆氏之国，中方三百里；有涂四方，中有山。在后稷葬西。

流沙出钟山，西行又南行昆仑之虚，西南入海黑水之山。

海内昆仑之虚，在西北，帝之下都。昆仑之虚，方八百里，高万仞。上有木禾，长五寻，大五围。面有九井，以玉为槛。面有九门，门有开明兽守之，百神之所在。在八隅之岩，赤水之际，非仁羿莫能上冈之岩。

赤水出东南隅，以行其东北，西南流注南海厌火东。

河水出东北隅，以行其北，西南又入渤海，又出海外，即西而北，入禹所导积石山。

洋水、黑水出西北隅，以东，东行，又东北，南入海，羽民南。

弱水、青水出西南隅，以东，又北，又西南，过毕方鸟东。

昆仑南渊深三百仞。开明兽身大类虎而九首，皆人面，东向立昆仑上。

开明西有凤皇、鸾鸟，皆戴蛇践蛇，膺有赤蛇。

开明北有视肉、珠树、文玉树、玗琪树、不死树。凤皇鸾鸟皆戴瞂。又有离朱、木禾、柏树、甘水、圣木曼兑，一曰挺木牙交。

开明东有巫彭、巫抵、巫阳、巫履、巫凡、巫相，夹窫窳之尸，皆操不死之药以距之。窫窳者，蛇身人面，贰负臣所杀也。

---

❶ 袁珂校译，《山海经校译》，上海古籍出版社，1985。

服常树，其上有三头人，伺琅玕树。

开明南有树鸟，六首；蛟、蝮、蛇、蜼、豹、鸟秩树，於表池树木，诵鸟、鹴、视肉。

蛇巫之山，上有人操柸而东乡立。一曰龟山。

西王母梯几而戴胜杖，其南有三青鸟，为西王母取食。在昆仑虚北。

《大荒西经》[1]

西北海之外，大荒之隅，有山而不合，名曰不周，有两黄兽守之。有水曰寒暑之水。水西有湿山，水东有幕山。有禹攻共工国山。

有国名曰淑士，颛顼之子。

有神十人，名曰女娲之肠，化为神，处栗广之野；横道而处。

有人名曰石夷——西方曰夷，来风曰韦——处西北隅以司日月之长短。

有五采之鸟，有冠，名曰狂鸟。

有大泽之长山。有白民之国。

西北海之外，赤水之东，有长胫之国。

有西周之国，姬姓，食谷。有人方耕，名曰叔均。帝俊生后稷，稷降以百谷。稷之弟曰台玺，生叔均。叔均是代其父及稷播百谷，始作耕。有赤国妻氏。有双山。

西海之外，大荒之中，有方山者，上有青树，名曰柜格之松，日月所出入也。

西北海之外，赤水之西，有天民之国，食谷，使四鸟。

有北狄之国。黄帝之孙曰始均，始均生北狄。

有芒山。有桂山。有榣山。其上有人，号曰太子长琴。颛顼生老童，老童生祝融，祝融生太子长琴，是处榣山，始作乐风。

有五采鸟三名：一曰皇鸟、一曰鸾鸟、一曰凤鸟。

有虫状如菟，胸以后者裸不见，青如猿状。

大荒之中，有山名曰丰沮玉门，日月所入。

有灵山，巫咸、巫即、巫盼、巫彭、巫姑、巫真、巫礼、巫抵、巫谢、巫罗十巫，

---

[1] 袁珂校译，《山海经校译》，上海古籍出版社，1985。

从此升降，百药爰在。

有西王母之山、壑山、海山。有沃民之国，沃民是处；沃之野，凤鸟之卵是食，甘露是饮。凡其所欲，其味尽存。爰有甘华、甘柤、白柳、视肉、三骓、璇瑰、瑶碧、白木、琅玕、白丹、青丹、多银、铁。鸾鸟自歌，凤鸟自舞，爰有百兽，相群是处，是谓沃之野。

有三青鸟，赤首黑目，一名曰大鵹，一曰少鵹，一名曰青鸟。

有轩辕之台，射者不敢西乡（原作"射者不敢西向射"），畏轩辕之台。

大荒之中，有龙山，日月所入。

有三泽水，名曰三淖，昆吾之所食也。

有人衣青（即青衣羌，居岐，秦迁移至青衣江流域邛崃、夹江），以袂蔽面，名曰女丑之尸。

有女子之国。（《隋书》记载的女国）

有桃山。有虻山。有桂山。有於土山。

有丈夫之国。

有弇州之山，五采之鸟仰天，名曰鸣鸟。爰有百乐歌舞之风。

有轩辕之国。江山之南栖为吉，不寿者乃八百岁。

西海陼中，有神，人面鸟身，珥两青蛇，践两赤蛇，名曰弇兹。

大荒之中，有山名曰日月山，天枢也。吴姖天门，日月所入。有神，人面无臂，两足反属於头上，名曰嘘。颛顼生老童，老童生重及黎，帝令重献上天，令黎邛下地，下地是生噎，处于西极，以行日月星辰之行次。

有人反臂，名曰天虞。

有女子方浴月。帝俊妻常羲，生月十二，此始浴之。

有玄丹之山。有五色之鸟，人面有发。爰有青鴍、黄鷔、青鸟、黄鸟，其所集者其国亡。

有池，名孟翼之攻颛顼之池。

大荒之中，有山名曰鏖鏊钜，日月所入者。

有兽，左右有首，名曰屏蓬。

有巫山者。有壑山者。有金门之山，有人名曰黄姖之尸。有比翼之鸟。有白鸟，青翼、黄尾、玄喙。有赤犬，名曰天犬，其所下者有兵。

西海之南，流沙之滨，赤水之后，黑水之前，有大山，名曰昆仑之丘。有神——人面虎身，有文有尾，皆白——处之。其下有弱水之渊环之，其外有炎火之山，投物辄然。有人戴胜，虎齿，豹尾，穴处，名曰西王母。此山万物尽有。

大荒之中，有山名曰常阳之山，日月所入。

有寒荒之国。有二人女祭、女蔑。

有寿麻之国。南岳娶州山女，名曰女虔。女虔生季格，季格生寿麻。寿麻正立无景，疾呼无响。爰有大暑，不可以往。

有人无首，操戈盾立，名曰夏耕之尸。故成汤伐夏桀於章山，克之，斩耕厥前。耕既立，无首，走厥咎，乃降於巫山。

有人名曰吴回，奇左，是无右臂。

有盖山之国。有树，赤皮支干，青叶，名曰朱木。

有一臂民。

大荒之中，有山名曰大荒之山，日月所入。有人焉三面，是颛顼之子，三面一臂，三面之人不死。是谓大荒之野。

西南海之外，赤水之南，流沙之西，有人珥两青蛇，乘两龙，名曰夏后开。开上三嫔於天，得《九辩》与《九歌》以下。此天穆之野，高二千仞，开焉得始歌《九招》。

有氐人之国。炎帝之孙名曰灵恝，灵恝生氐人，是能上下於天。

有鱼偏枯，名曰鱼妇。颛顼死即复苏。风道北来，天及大水泉，蛇乃化为鱼，是为鱼妇。颛顼死即复苏。

有青鸟，身黄，赤足，六首，名曰䴅鸟。

有大巫山。有金之山。西南，大荒之隅，有偏句、常羊之山。

《西山经》[1]

西山经华山之首，曰钱来之山，其上多松，其下多洗石。有兽焉，其状如羊而马尾，名曰羬羊，其脂可以已腊。

……

西次三山之首，曰崇吾之山，在河之南，北望冢遂，南望瑶之泽，西望帝之捕兽之丘，东望螞渊。有木焉，员叶而白柎，赤华而黑理，其实如枳，食之宜子孙。有兽焉，其状如禺而文臂，豹虎而善投，名曰举父。有鸟焉，其状如凫，而一翼一目，相得乃飞，名曰蛮蛮，见则天下大水。

……

又西三百二十里，曰槐江之山。丘时之水出焉，而北流注於泑水，其中多蠃母。其上多、青、雄黄，多藏琅玕、黄金、玉，其阳多丹粟，其阴多采黄金、银。实惟帝之平圃，神英招司之，其状马身而人面，虎文而鸟翼，徇於四海，其音如榴。南望昆仑，其光熊熊，其气魂魂；西望大泽，后稷所潜也，其中多玉，其阴多榣木之有若；北望诸毗，槐鬼离仑居之，鹰鹯之所宅也；东望桓山四成，有穷鬼居之，各在一搏。爰有瑶水，其清落落。有天神焉，其状如牛，而八足二首马尾，其音如勃皇，见则其邑有兵。

西南四百里，曰昆仑之丘，实惟帝之下都，神陆吾司之。其神状虎身而九尾，人面而虎爪；是神也，司天之九部及帝之囿时。有兽焉，其状如羊而四角，名曰土蝼，是食人。有鸟焉，其状如蜂，大如鸳鸯，名曰钦原，蠚鸟兽则死，蠚木则枯。有鸟焉，其名曰鹑鸟，是司帝之百服。有木焉，其状如棠，黄华赤实，其味如李而无核，名曰沙棠，可以御水，食之使人不溺。有草焉，名曰薲草，其状如葵，其味如葱，食之已劳。河水出焉，而南流东注於无达。赤水出焉，而东南流注於泛天之水。洋水出焉，而西南流注於丑涂之水。墨水出焉，而西流於大杅。是多怪鸟兽。

又西三百七十里，曰乐游之山。桃水出焉，西流注于稷泽，是多白玉。其中

---

[1] 袁珂校译，《山海经校译》，上海古籍出版社，1985。

多鳡鱼（原作鳟鱼），其状如蛇而四足，是食鱼。

西水行四百里，流沙二百里，至於嬴母之山，神长乘司之，是天之九德也。其神状如人而豹尾。其上多玉，其下多青石而无水。

又西北三百五十里，曰玉山，是西王母所居也。西王母其状如人，豹尾虎齿而善啸，蓬发戴胜，是司天之厉及五残。有兽焉，其状如犬而豹文，其角如牛，其名曰狡，其音如吠犬，见则其国大穰。有鸟焉，其状如翟而赤，名曰胜遇，是食鱼，其音如录，见则其国大水。

又西四百八十里，曰轩辕之丘，无草木。洵水出焉，南流注於黑水，其中多丹粟，多青雄黄。

又西三百里，曰积石之山，其下有石门，河水冒以西流，是山也，万物无不有焉。

又西二百里，曰长留之山，其神白帝少昊居之。其兽皆文尾，其鸟皆文首。是多文玉石。实惟员神磈氏之宫。是神也，主司反景。

……

又西三百五十里，曰天山，多金玉，有青雄黄。英水出焉，而西南流注於汤谷。有神焉，其状如黄囊，赤如丹水，六足四翼，浑敦无面目，是识歌舞，实为帝江也。

（元）潘昂霄　《河源记》[1]　延祐乙卯春，圣天子以四海万国之广，轸念庶民艰虞，罔控告也。分使诣外郡诸道，布扬德心，戚休兴替之，清浑扬激之。畿甸密迩，独不得均其泽。越五月，诏前翰林学士承旨臣阔阔出、翰林侍读臣昂霄，奉使宣抚京畿西道。臣昂霄承命，惊悸罔措，惟务罄竭忠赤尽民瘼后已。

阔公一日语昂霄：余尝从余兄荣禄公都实，抵西国，穷河源。耳之不觉瞿然以骇：有是乎哉？请毕其语。公曰：世祖皇帝至元十七年，岁在庚辰，钦承圣谕。黄河之入中国，夏后氏导之，知自积石矣。汉唐所不能悉其源，今为吾地，朕欲极其源之所出，营一城，俾番贾互市，规置航传。凡物贡水行达京师，古无有也。朕为之，以永后来无穷利益。盖难其人。都实，汝旧人，且习诸国语，往图。汝谐授招讨使，佩金虎符以行。

---

[1]　辑录自《丛书集成初编》商务印书馆，1936。

是岁四月至河州，州东六十里有宁河驿。驿西南五六十里，山曰杀马关，林麓穹隘。译言泰石答班，启足寝高。一日程至巅，西迈愈高。四阅月，约四五千里，始抵河源。冬还，图城传位置以闻。上悦，往营之。授吐蕃等处都元帅，仍金虎符、置寮寀，督工。工师悉资内地，造航为艘六十。城传措，工物完。阔阔出驿闻，适相哥征昆哥臧不回，力阻遂止，翌岁兄都实旋都。

河源在吐蕃朵甘思西鄙，有泉百余泓，或泉或潦，水沮洳散涣，方可七八十里，且泥淖溺，不胜人迹。逼观弗克，旁履高山下视，灿若列星。以故名火敦恼儿。火敦译言星宿也。群流奔凑，近五七里，汇二巨泽，名阿剌脑儿。自西徂东，连属吞噬。广轮马行一日程。迤逦东骛成川，号赤宾河。二三日程，水西南来，名亦里出，合赤宾。三四日程，（水）南来，名忽兰。又水东南来，名也里术，合流入赤宾。具（其）流浸大，始名黄河。然水清人可涉。又一二日，岐裂八九股，名也孙斡论，译言九度。通广六七里，马亦可度。又四五日程，水浑浊，土人抱革囊，乘马过之。民聚落纠木干、象舟，傳（傅）毛革以济，仅容两人。继是两山峡东，广可一里、二里或半里，深叵测矣。朵甘思东北鄙有大雪山，名亦耳麻不莫剌，其山最高，译言腾乞里塔，即昆仑也。山腹至顶皆雪，冬夏不消。土人言远年成冰时，六月见之。自八九股水至昆仑，行二十日程。河行昆仑南，半日程地。又四五日程，至地名阔即及阔提，二地相属。又三日程，地名哈剌别里赤儿，四达之冲也。多寇盗，有官兵镇防。昆仑迤西人简少，多处山南，山皆不穹峻，水亦散漫。兽有氂牛、野马、狼狍、羱羊之类。其东山益高，地亦渐下，岸狭隘，有狐可一跃越之者。行五六日程，有水西南来，名纳邻哈剌，译言细黄河也。又两日程，水南来，名乞儿马出，二水合流入河。河北行，转西至昆仑北。二日程地，水过之，北流少东，又北流，约行半月程，至贵德州，地名必赤里，始有州事官府。州隶河州，置司吐蕃等处，宣慰司所辖。又四五日程，至积石州，即《禹贡》积石。

五日程至河州安乡关。一日程至打罗坑。东北行一日程，洮河水南来入河。又一日程至兰州，其下过北卜渡，至鸣沙州，过应吉里州。正东行至宁夏府，南东行即东胜州，隶西京大同路。地面自发源至汉地，南北涧溪，细流旁贯，莫知纪极。山皆草山、石山，至积石方林木畅茂。世言河九折，彼地有二折。盖乞儿马出，及贵德州必赤里也。汉张骞使绝域，羁联拘执，艰厄百罹，历大宛、月氏等数国。其旁大国五六，皆称传闻。

以为穷河源，乌能睹所谓河源哉？史称河有两源，一出于阗，一出葱岭。于阗水北行，出葱岭河，注蒲类海不流，洑至临洮出焉。今洮水自南来，非蒲类明矣。询之土人。言于阗、葱岭水俱下流，散之沙碛。又有言河与天河通，寻源得织女支机石以归，亦妄也。昆仑至嵩高五万里，阆风元圃，积瑶华盖，仙人所居，又何耶？《唐史·土蕃传》：河上流由河洪济梁南二千里，水益狭，春可涉，秋夏乃胜舟。其南二百里，三山中高而四下，曰紫山，古所谓昆仑，其言颇类。然止称河源其间云。国家敞天威，亘天所覆焘，无间海内外，冠带万国，罔非臣妾。视汉唐为不足讶。故穷河源，去万里，若步闺闼。嘻！盛典也，不可不志，因志之。都实族女真蒲察氏，统乌思臧路暨招讨都元帅，凡三至土蕃。阔阔出，今除甘肃行省参知政事。是岁八月初吉，翰林侍读学士中奉大夫知制诰同修国史臣潘昂霄谨述。

（清）乾隆《御制命馆臣编辑河源纪略谕》[1]

今年春间，因豫省青龙冈漫口合龙未就。遣大学士阿桂之子乾清门侍卫阿弥达前往青海，务穷河源，告祭河神。事竣复命，并据按定南针绘图具说呈览。

据奏星宿海西南有一河，名阿勒坦郭勒，蒙古语阿勒坦即黄金，郭勒即河也。此河实系黄河上源，其水色黄，回旋三百余里，穿入星宿海，自此合流至贵德堡，水色全黄始名黄河。又阿勒坦郭勒之西，有巨石高数丈，名阿勒坦噶达素齐老。蒙古语噶达素，北极星；齐老，石也。其崖壁黄赤色，壁上为天池，池中流泉喷涌，釃为百道，皆作金色，入阿勒坦郭勒，则真黄河之上源也。其所奏河源颇为明晰。

从前康熙四十三年，皇祖命侍卫拉锡等往穷河源。其时，伊等但穷至星宿海，即指为河源。自彼回程覆奏，而未穷至阿勒坦郭勒之黄水，尤未穷至阿勒坦噶达素齐老之真源，是以皇祖所降谕旨并几暇格物编星宿海一条，亦但就拉锡等所奏，

---

[1] 辑录自《四库全书》1301册，0336-0337页，文渊阁（影印本），上海：上海古籍出版社。

以鄂敦他腊为河源也。

今既考询明确，较前更加详晰，因赋河源诗一篇，叙述原委。又因《汉书》河出昆仑之语，考之於今昆仑，当在回部中。回部诸水皆东注蒲昌海，即盐泽也。盐泽之水入地伏流至青海始出。而大河之水独黄，非昆仑之水伏地至此出。而挟星宿海诸水为河渎，而何济水三伏三见，此亦一证。因於河源诗后复加案语，为之决疑。传正嗣检阅《宋史·河渠志》有云：河绕昆仑之南，折而东复绕昆仑之北诸语。夫昆仑大山也，河安能绕其南又绕其北，此不待辨而知其诬。且昆仑在回部，离此万里，谁能移此为青海之河源？既又细阅康熙年间拉锡所具图，于贵德之西有三支河，名昆都伦，乃悟昆都伦者，蒙古语谓横也，横即支河之谓。此元时旧名，谓有三横河入於河，盖蒙古以横为昆都伦，即回部。所谓昆仑山者亦系横岭，而修书者不解其故。遂牵青海之昆都伦河为回部之昆仑山耳。既解其疑，不可不详志，因复着著。读《宋史·河渠志》一篇，兹更检《元史·地理志》有河源附录一卷，内称汉使张骞道西域，见二水交流，发葱岭汇盐泽，伏流千里至积石而再出，其所言与朕蒲昌海即盐泽之水，入地伏流意颇合，可见古人考证已有先得我心者。按《史记·大宛传》云：于阗之西水皆西流，注西海；其东水东流，注盐泽，潜行地下；其南，则河源出焉，河注中国。《汉书·西域传》于阗国条下，所引亦同，而说未详尽。张骞既至蒲昌海，则或越过星宿海，直至回部地方；或回至星宿海，而未寻至阿勒坦郭勒等处。当日还奏必有奏牍，或绘图陈献。而司马迁、班固纪载弗为备详，始末仅以数语了事，致后人无从考证，此作史者之略也。然则《武帝纪》所云昆仑为河源，本不误，特未详伏流而出青海之阿勒坦噶达素，而经星宿海为河源耳。至元世祖时遣使穷河源，亦但言至青海之星宿海，见有泉百余泓，便指谓河源，而不言其上有阿勒坦噶达素之黄水，又上有蒲昌海之伏流，则仍属得半而止。朕从前为《热河考》即言，河源自葱岭以东之和阗、叶尔羌诸水潴为蒲昌海，即盐泽。蒙古语谓之罗布淖尔，伏流地中复出为星宿海云云。今覆阅《史记》《汉书》所纪河源，为之究极原委，则张骞所穷正与今所考订相合，又岂可没其探本讨源之实乎？所有两汉迄今，自正史以及各家河源辨证诸书允宜通行校阅，订是正讹。编辑《河源纪略》一书，著四库馆总裁督同总纂等悉心纂办，将御制河源诗文冠於卷端，凡蒙古地名人名译对汉音者，均照改定正史详晰校正无讹，颁布刊刻并录入《四库全书》以昭传信，特谕。

星宿海等处山川之神祀礼 星宿海等处山川之神，於青海大臣巡视青海之年亲行致祭。如值青海会盟及玉树会盟之年，委员致祭。其余皆以每岁春秋致祭。守土之吏，祭以少牢、上香、读祝、三献迎神送神。承祭官及陪祭官俱行三跪九叩礼。

——《钦定大清会典·礼部》

中国第一幅江河源图

17 世纪黄河源图（中国最早的河源图）

1914 年周务学《查勘玉树界务报告》 窃务学于民国三年九月二十七日，接奉饬委，内开："照得玉树番族，向归本省管辖，嗣因川督电请归川，致两省争执年余，迄未解决，迭奉中央电令派员会勘。事关边务重要，未便视为缓图。"（中略）务学遵于十月八日，偕同随员第四中学校校长周希武、肃州征收局长梁耀宗、边关道尹公署科员王致中及测绘员牛载坤等，由兰垣起程，抵西宁后，留驻旬余，办理行装。十月二十六日，由宁首途，取道海南，遄征弥月，于十一月二十六日，始抵结古。所有首途时及沿路情形，当经先后呈明在案。务学在途时详阅此卷宗，隆庆玉树，是一是二？有无牵混，尚属疑义？务学既以查勘为名，必先调查明确，而后能否划分之问题可决；划分之问题既决，而后彼此始有会商之地。到结古后（中略）。

查民国二年十月十五日，参陆两部咸电："奉大总统令，内开：'该经略前请以隆庆二十五族暂隶川边，有无该玉村土司所属部族在内？'并即查覆，以免牵混！"三年二月十四日，内务部长元电，内开："此次军队冲突，既系因争占隆庆而起，应请贵长官查明川边所划隆庆地方，有无玉树在内？应商明川边镇守使，将前清管辖界址，电覆中央核定。"各等因。

查青海迆南，接近川藏，向隶西宁。现在著名之土司，共计二十五族：曰巴彦囊谦族；曰扎武族，曰拉达族，曰布庆族，以上三族，旧志通称为扎武上、中、下三族；曰拉休族，即旧志阿拉克硕；曰格吉麦吗族；曰格吉班吗族，曰格吉得吗族，即旧志格尔吉上、中、下三族；曰中坝麦吗族，曰中坝班吗族，曰中坝得吗族，中坝即旧志隆坝，原有二族，后增一族；曰玉树戎摸族，曰玉树将赛族，曰玉树总举族，曰玉树鸦拉族，即玉树四土司也；曰娘磋族，即旧志尼牙木错；曰安冲族，即旧志安图；曰固察族；曰称多族；曰迭达族，即旧志隆布；曰蒙古尔津族；曰竹节族，系蒙古尔津族所分出；曰永夏族，即旧志雍熙叶尔；曰苏尔莽族；曰苏鲁克族。族各有百户一名，而巴彦囊谦千户实为各族之长。囊谦又称昂千，又称南称，又称隆庆，皆一音之转，川边所以谓为隆庆二十五族也。西宁旧志称该族为玉树等贡马番族；那彦成《平番奏议》犹云玉树等番子；同治兵燹以后，西宁案卷直称为玉树二十五族。玉树本二十五族中细部之名，沿袭既久，辞无差别，遂致以专名为公名，正犹陇省属部本有甘州、肃州，而又以甘肃为全省之总名也。川边以隆庆名二十五族，正犹以兰州名甘肃也，其实祇是一地，并非隆庆二十五族以外，又有玉树二十五族也。此隆庆、玉树称名互歧之大概情形也。

又民国二年十月二十二日，国务院养电；"奉大总统令，内开：'该督等前电称玉树本三十九族，何以现止二十五族？'并应确查具覆！"民国三年二月十三日，国务院元电："奉大总统令，内开：'玉树等本四十族，何现在止二十五族？'该处境域为该长官等职任所在，亦宜确切查覆！'各等因。查自前清雍正十年收抚该族以后，至道光三年，几及百年，而《平番奏议》犹云玉树等三十九族；自道光三年至今，亦不过数十年耳，而族数锐减若此，殊足诧异！务学因详考《卫藏通志》《西宁府志》及胡文忠前《清一统舆图》所载四十族之名，而证以现在族数，方知其减少原因有四：有旧日分立，后来自相合并者。如巴彦南称、桑巴尔、隆东、卓达尔等土司，《藏志》称为南称四族，今则合为巴彦囊谦一族；安图、阿萨克、列玉、阿永、叶尔吉、拉尔济、典巴等土司，《藏志》《西宁府志》均称为多伦尼托克七族，今则合为安冲一族；阿拉克硕原称上、下二族，今但称拉休族；隆布原称上、下二族，今但称迭达族是也。有旧自为族，后来附属于人者。如洞巴之附于囊谦，吹灵多尔之附于拉休，哈尔受、班石二族之附于扎武，噶尔布、白利二族之附于玉树是也。有因遭值变乱，徙处内地者。如阿里克一族，其插帐原在黄河北岸可可乌苏地方，与察汉诺门罕旗同司黄河渡口。后因道光时，河南番族骚动，遂徙处西宁大通河北岸，自是遂由西宁直接管理是也。有因特别情形，免其贡马，遂不列数者。如喇嘛觉巴拉、拉布库克二族，一司会盟递文之差，一司木鲁乌苏济渡，自收抚之初，已免贡赋，而《西宁府志》贡马番族，遂不以列数。今日囊谦北边之觉拉寺，通天河北之拉布寺，即其裔也。坐此四因，遂致今昔族数，参差不符，其实各族中所含之细部数之，除阿里克一族不计外，仍符三十九族之数。其合并之由，则因内地委员到番，各族例须轮支草粪之类，独力难支，众擎易举，遂相合并，冀轻负担。如今日扎武三族，屡上呈西宁，请照一族当差，即其证也。其附属人者，均系原有百长，户口单微，亦为减轻贡赋起见，遂不惜役属于强族，正犹古代诸侯附属之例，故其名不通于中朝也。然亦有旧为一族，后来分为数部者。如玉树原系一族，后分为戎模、将赛、总举、鸦拉四部；隆坝从前止有上、下二族，后分为中坝上、中、下三族；蒙古尔津原止一族，后又分出竹节族是也。其故由于宗支渐强，百户力不能制，遂听其各自为部。当其分立之始，亦必请命西宁长官，发给凭照，特其事多在同治兵燹以前，今日遂不可考。晚清政弛，各族中之狡悍者，往往自为一部，僭称百户，而不请命于西宁。如蒙古尔津族之白力登马百户，格吉得马族之那错百户，玉树戎模族之甘拨汪加百户是也。然以其非出官授也，各族皆轻视之，而数二十五族者，亦不齿及焉。此四十族所以现称二十五族之详细情形也。

又查内务部《拟划全国区域说明书》，其西宁特别区域即列入阿里克等四十族姓土司，而西康特别区域说明条下，复云："新拨隆庆、结古各土司地方，亦应查照旧案划入，以完形势。"似四十族外，别有隆庆结古也者！此则由于彼此名称之互歧，今昔族数之参差，致有此误。其实隆庆即二十五族中之囊谦，结古即扎武族之驻牧地也。向例，每三年则由青海长官委员前往结古，召集二十五族，会盟一次，籍清积案，兼催马贡。沿袭日久，既以玉树名二十五族，复将二十五族会盟之地，概目为玉树，而戎模等四土司，均呼为由受，反不知其为玉树。是以中央玉树归甘，隆庆归川之电令虽一再申明，而宁兵沿习惯之名称，指结古为玉树，谓川兵为侵越；川兵执中央之命令，谓结古属隆庆，以宁兵为争占。彼此各有所执，而一栖不容两雄，此所以因名称之互歧而致误会，因误会而起冲突之实在情形也。

务学窃维划疆分土，应视行政之便利以为标准，岂容有丝毫省见存乎其间？今日水落石出，群疑冰消，自应遵照中央前后电令，各按川宁所近，从新划分，将附近西宁之玉树归宁管理，附近川边之隆庆由川保护，各专责成，同固国防，夫复何言。唯是务学到玉以来，体察情形，觉从新划分，实有窒碍难行者四：

一曰各族关系，不能骤离也。二十余族共戴囊谦千户为酋长，数百年于兹矣，其长属之关系，久成固结不解之势。今将囊谦划归川管，其隶属囊谦之各族，是否一律归川？如各族一律归川，则玉树亦在各族之内，似可概归川管，无庸独隶西宁！如各族不必归川，则囊谦一去，群龙无首，形若散沙，各百户势均力敌，难保不两不相下，滋生事端！将由各族中另选置一千户乎？则旧例必属民实有千户以上，方许设置千户，囊谦属户，且在二千以上，今环视各族，无一能设千户者；若另委汉员充当，譬如以无根之木，植之流水之上，覆没而已，而囊谦千户，亦必以骤失所属，顿生觖望之心。此其窒碍难行者一也。

一曰玉树一部，不能独立也。若将囊谦所属，概归川管，玉树四族，独立西宁，无论其长属关系，骤难断绝如上所言也，即令就我范围，而玉树四族，鄙处金沙江上源，荒寒不毛，冬夏迁徙无定，其生活所需，多仰给于结古、称多一带。缘结古一带，地势较低，物产较多，将来经略青海南路，不能不以是地为基础，基础既立，然后可以渐从事於瘠薄之地。今若将精华所在，尽割与川，非徒菀枯悬绝，亦恐拓殖无基！且其余各族既归川管，则玉树隔绝西陲，控制既嫌弯远，假道又多不便。此其窒碍难行者二也。

一曰地形便否，尤宜熟审也。川边所藉口者，隆庆距西宁甚远耳。夫隆庆比较各族，距宁似远，而不知其余各族，散处海南，地面辽阔，如娘磋土司之界，且逾巴颜而奄有河源，其距川边，较西宁之距隆庆之尤远。若概归川边，则西康区域之幅员，伸出西北，正如甘肃之有河西四郡焉，不独控制不及，设有不侧，藏夷以一旅之师，自昌都绕出色秀，横断大道，则隆庆各族，孤悬一隅，消息中绝。川边既不能兼顾，而西宁复以非其所管，不能急援，则二十五族，适足为西藏之资。若仍旧隶宁，即有缓急，而自宁进兵，形势不虞中梗，且可牵制西藏，以壮川边之声援。现在川兵与藏夷相恃，其师已老，将来保护海南，终资甘军之力，此地仍旧属宁，亦可为甘肃进兵之东道。若划归川管，将来如用甘兵，非徒客军远征，诸多不便，且恐畛域难忘，转生膜视。此其窒碍难行者三也。

一曰番情向背，不可强违也。务学到结古后，查得民国二年二月，川边尹经略使北路征藏之兵，经过隆庆，强索供给，该族以均属官兵，勉行支应，而尹经略使递电中央，谓隆庆二十五族报效投诚，愿归川管。务学窃思，隆庆非同化外，何言投诚？供亿出于诛求，何言报效？川军所过，止隆庆南鄙，当时支差者，出于千户一人权宜之计，并非二十五族之同意也。且该族果愿归川，何以隆庆之使，屡至西宁，恳请照旧耶？且既为保护隆庆，则当驻兵隆庆西南而止，何以猞糠及米，北至距隆庆九站之结古？又东北至距隆庆十五站之脩马耶？谓藏夷窥伺耶，则去之尚远；谓行军必由耶，则南辕北辙；然则其所谓保护者可知已。务学过巴颜山后，沿途所见番目，莫不泣诉川军苛索之状；及抵结古后，接见各族百户，复痛述供亿不堪之状；务学详加考查，均确凿有据。务学窃思，前清时代，西宁对于该族，会盟来员，供支不过草粪之类，马贡折银，岁出不过六百余金，虽颇近放任，而番人乐其宽简，为日已久。今川军骤加该族以极重之负担，日用所需，概责番支，供给稍迟，鞭棰立至。且兵弁之骚扰有限，而无业游惰假兵弁之名，鱼肉番民者，到处皆是。今番人极恨川军，已成水火之势。近来迭据各百户密呈，誓死不愿归川，且扬言归甘不收，即行投藏。似此情形，揆之大总统叠次电令俯顺番情，巩固边圉之意，似未便过违其意。今番不从川，而川必欲强为管理，且恐激成意外之变，转重国家以西顾之忧。此其窒碍难行者四也。

夫同属民国版图，如果中无窒碍，亦何必断断于致陇蜀之分。但务学细审番情，详维事势，觉划分之困难，实有不如仍旧之便利者。矧当此国基甫定，与民休息之时，与其变乱陈规，致滋牵扰；毋宁维持现状，暂事羁縻。务学至愚，窃谓隆庆二十五族，不如姑仍旧贯，归西宁管理。俟将来国威远扬，藏夷内附，彼时再酌量情形，从新划分；纵极困难，尚无他变，目前划分，诚未见其利也！可否请求大帅据情转呈大总统，俯将隆庆等二十五族，饬照前清旧例，仍归西宁管理，并严饬川督及川边镇守使，迅将驻扎结古、称多等处川兵，全数撤退，不准再有一骑阑入番地；一面颁发布告，宣示德意，以安番族，以固边圉之处，统乞钧裁！如蒙转呈，倘邀中央俞允，所有川兵退后，目下保护之法，务学拟由随带员弁中，酌留妥人，暂驻结古，随时稽查川边阑入之匪。獭鹯既去，鱼爵自可相安。至后此如何经营、布置之法，须俟西宁特别区域实行后，方能与青海各处等盘筹划，一致进行，容务学回省后，详细面呈。除二十五族详明图，俟测会事竣，即行上呈外，所有此次奉饬查勘隆庆、玉树实在情形，及划分窒碍之处，理合具文，并附二十五族一览表，详请鉴核施行，不胜激切待命之至！

水 文 化 建 设 文 存

落实陈雷部长水利、水文化建设工作指示的报告　玉树州政府、玉树州水利局落实陈雷部长水利工作指示的报告（2016 年 7 月 28 日）

2015 年 10 月陈雷部长考察玉树期间，就玉树州水利工作作出了一系列重要指示。在青海省政府的领导下，在省水利厅的大力支持下，我们狠抓落实，多项措施并举。目前各项工作取得初步成效。现就情况汇报如下：

一、国庆水库进展情况

总投资 3.8 亿元的《玉树市国庆水库及输水工程》已完成可行性研究报告专家组审查及修改工作，已完成《水土保持方案》《规划同意书》《社会稳定风险评估》等 20 项附件当中的 19 项附件的编制、审查工作，其中《环境影响评价》因项目区涉及三江源保护核心区等原因，进行再次修改完善，拟报有关部门审查批复。主体工程有望在年内落地开工。

二、三江源水文化工作进展情况

（1）关于水生态文明建设试点前期工作。在州委、州政府领导下《水生态文明建设总体规划》《水生态文明建设总体规划大纲》以及三江源水资源电子沙盘系统制作已完成招投标，可望年内完成。

（2）关于三江源水生态保护及水文化工作。我局在前期完成初步方案的基础上，委托专家开展三江源水文化的专项研究，《水文化建设可行性研究报告》及《三江源公祭策划方案》将在 9 月底前完成，12 月 31 日前完成可行性研究报告的审查、批复。

7 月 25 日至 28 日，玉树举办了传统赛马节暨首届雪域格萨尔文化艺术节及"三江源"水文化节。水利部水资源司副司长石秋池出席首届水文化节启动仪式。水利部流域机构、三江入海口城市、相邻州级均派人与会。此外，中国水利水电科学研究院、《中国水利》杂志编辑部、青海省水利厅领导及部分专家参加。这是青藏高原第一次盛大的水文化活动，成为本届赛马节的亮点。

同期，在长江、黄河、澜沧江三江发源地治多县、曲麻莱县、杂多县先后举办藏传佛教的水神祭祀及水文化系列活动。源区二十多万民众和僧人踊跃参与，无不盛装出席。这些活动激起了极大社会反响。可以预见水利的文化行动将在三江源保护中持续发挥重要作用。

（3）关于高层论坛筹备。在水资源司的领导下，我们将与《中国水利》杂志共同承办的"江河生态文明暨三江源保护论坛"，预期9月在北京召开，目前正在积极筹备中。期待陈部长与会作主旨报告。

三、通天河流域河道综合治理工程进展情况

估算投资2.4亿元的通天河流域河道治理工程可研、初设及前置要件的编制工作正在进行，8月底前基本完成项目初设审批，争取年内开工建设。工程累计治理长度38.37公里，实施后可有效改善玉树、称多、曲麻莱、治多4市（县）重点河段防洪能力不足的问题，夯实防汛保安基础。

四、农田水利灌溉项目和农田水利设施维修养护补助资金

农田水利灌溉项目总投资为3900万元，其中玉树市、称多县各1000万元，囊谦县1900万元，目前三县农田灌溉项目县工程已完成招标，于6月初陆续开工，9月底全面完成；农田水利设施维修养护补助资金总投资为170万元，其中玉树市40万元；囊谦县100万元，称多县30万元。维修养护资金使用正在编制实施方案。

五、农村牧区饮水安全巩固提升项目

2016年涉及精准扶贫方面的农村牧区饮水安全提升项目总投资为3448万元，其中中央投资954万元。该项目涉及15个贫困村2.7万人的饮水安全巩固提升。

六、水利风景区申报工作进展情况

积极开展风景区创建及申报相关工作，编制完成《玉树州水利风景区发展总体规划》《玉树州通天河水利风景区规划纲要》等，落实编制费用为70万元，其中州政府配套解决30万元。申报的通天河流域国家水利风景区项目已经7月初水利部专家组的现场考察，报水利部审查待批。

七、加强水利人才队伍建设方面

一是加强在职人员培训工作。水利部人事司协调部人才教育培训中心、中国水利教育协会投入 15 万元于 5 月初在玉树州党校举办水利系统人才队伍业务提升培训班,邀请水利部、省水利厅及省委党校领导、专家对全州 60 名水利技术人员进行培训;州、县两级水利专业技术人员已参加水利部、省水利厅举办的各类业务培训班 8 期 24 人次。

二是水利院校专业人才委托培养事宜。经水利部人事司会同青海省水利厅、玉树州水利局等有关方面多次协商研究,确定由陕西杨凌职业技术学院为玉树州政府订单式培养 40 名水利(生态)专业人才。6 月 15 日水利部人事司组织中国水利教育协会、青海省水利厅、杨凌职业技术学院及玉树州政府等部门人员在玉树州召开会议,由玉树州政府与杨凌职业技术学院签订《校政合作订单人才培养协议书》,采取"政府资助一年,学院减免一年,学生自己担负一年"的学费支付方式培养水利人才,目前委培生招录工作正在按程序进行。待 40 名学生招录完成后由政府与学生签订《定向培训协议》,并由水利部人事司、省水利厅、州政府、州水利局等部门派人前往学院就适合玉树水利工作需求的课程设置等事宜进一步衔接。

三是人才支援方面。水利部领导就玉树水利人才支援工作交付水利部农水司办理。经协调,部农水司于 8 月初派员深入玉树调研,随后商讨提出合适的人才支援方案。

2016 年 7 月三江源保护文化行动——专家八人谈

玉树常被称作"中华水塔",其实不能概括它的完美。这里有丰厚人文底蕴,历史文化遗址甚多。玉树是以藏族为主的少数民族区域,多年平均降水量 200 至 500 毫米之间。特殊的自然环境造就了青藏高原独有水文化。对水的爱惜,对河流敬畏,沁入他们的生活习俗中,藏传佛教的活动中。为了保护三江源,玉树人民杜绝破坏环境的产业,选择了有益于生态的可持续发展之路。

为助力玉树地区科学发展的经济架构，陈雷部长指示支持玉树州党委和政府水利事业，支持三江源文化建设。三江源保护的文化行动不仅有利于藏族聚居区传承爱水、护水的文化传统世代传承，更有从文化入手，唤起各流域各地公众对三江源的关注，支持源区生态保护，全面建设美丽中国的战略价值。今年 4 月在部机关党委、精神文明办组织下，中国水利学会水利史研究会、中华水文化研究会专家赴玉树，进行水文化调研。7 月 25 日至 28 日，中国水利杂志记者和水利史研究会专家组应邀再赴玉树，这次我们有幸观摩了"玉树传统赛马节暨首届雪域格萨尔文化艺术节和三江源水文化节"的活动。两度进入玉树实地考察，令我们对三江源保护文化行动有了初步的认知。以下节录了"三江源保护文化行动"座谈会上玉树州水利干部及参与考察的各位专家的发言。

今年州政府决定将首届三江源水文化放在了最具影响力的玉树赛马节上，这是期望以水文化推动三江源的社会关注度，推动水生态文明建设的战略部署。玉树赛马节有着数百年的传统的民间活动。清雍正朝为推动藏族聚居区对中央政府的向心力，由中央政府资助了每年一度的"玉树会盟"，会盟是全藏族聚居区各民族各部落团结的盛会，赛马节从此成为三江源隆重的节日。三江源是庇佑华夏民族的生命之源和探索神往的精神家园，更是我国乃至东南亚六国的生态战略要地。三江源文化建设，对推进全州以及全流域生态文明建设具有重要作用和长远意义。我们需挖掘弘扬"三江源"水文化，打造"三江源"水文化品牌，这是建设三江源国家公园的内在要求，也是推进"三江源"生态文明建设、确保一江清水向东流的现实需求。

——青海省玉树州水利局局长　才多杰

议题一：到底三江源有着怎样的魅力，又积淀了怎样深厚的文化内涵？这是需要告之公众的。而今，我们需要秉承历史之遗志，溯源河山之脉络，探寻文明之源头，让更多的人认知这一独特的地方。

长江、黄河、澜沧江，三条汹涌澎湃、波涛滚滚的江河，历来为世人所熟知。但是少有人知道它们的源头在同一个"摇篮"，那就是平均海拔近5000米的青海省玉树藏族自治州。世界上很难再找出这样一个地方，汇聚了如此众多的名山大川，世界上也很难再找出三条同样的大河，它们的源头竟是如此之近，血脉相连。这就是三江源头的神奇魅力。

——水利部中华水文化专家委员会委员　蒋超

三江源，因其特殊的自然环境和地理意义受到中央政府关注的历史由来已久。元朝都实对黄河源的实地勘察，是中国历史时期最早的河源考察，也是中央政府首次对河源区人文、地理的直接关注。三江之水自一州发源，流经数国，其中中国境内涵盖18个省（直辖市），占国土面积的28.7%，孕育了中华民族多个文明。无论是区域内大江大河源头数量，还是区域文化的多样性，玉树堪称世界唯一。这是三江源得天独厚的地理资源和文化优势。

——中国水利水电科学研究院副总工　中国水利学会水利史研究会会长　谭徐明

议题二：巍巍昆仑，圣洁玉树，孕育出祖国大地上奔腾的长江、黄河、澜沧江，它是亿万人民生命之源。今天的三江源面临的生态和水资源主要问题？

"君不见黄河之水天上来，奔流到海不复回"。古人眼中的黄河是如此豪迈大气，而今，三江源仅仅是水土流失、草场退化的加剧程度已不容忽视。从表面上看，江河源头频繁出现的局部断流是全球的温室效应、局部地区的沙漠化、自然降雨减少和长期的干旱综合作用造成的，但从更深层次来看，江河源头生态恶化是人类破坏性活动的必然结果。

——水利部中华水文化专家委员会委员　王凯

"三江源"作为中国乃至亚洲重要的生态屏障和水源涵养区，关乎西北地区乃至全国的生态安全。长期以来，受严酷自然条件的制约，生态环境十分脆弱。由于自然因素和不合理人类活动的双重作用，生态环境日益恶化，草场严重退化，水土流失加剧，土地沙漠化面积扩大，冰川、湿地退缩，生物多样性锐减。

——青海省玉树州水利局局长　才多杰

议题三：正如上述，今天人类的活动已经令三江源脆弱的环境不堪重负，而它的明天却关乎着三江的未来，我们的未来。面对这个正在离我们远去的家园，三江源，我们又该如何保护你？

江河源头是以水源涵养为特征的重要生态功能区。我们在三江源区开展的任何水利建设或者说水事活动都要切实加强江河源头生态环境保护，维护源头的自然与纯净。如何维护自然与纯净的水环境、水生态是我们在玉树州这样一个特殊的地区水工程文化建设必须思考探索并付诸实践的重大课题。

——水利部直属机关党委宣传处处长　王卫国

议题四：如何让水源区人民保护、爱惜河流的文化能够在他们的后代中得到传承，如何让全民有爱护河流的文化认知？是当前水文化应该正视的问题。

在三江源文化考察中，我们感受到了深邃厚重的藏族聚居区文化是保护三江源的重要文化力量。藏族先民文化中对河流山川的敬畏，使河源保护融入他们世世代代的生产生活中。这样的保护，不只是维护了自己的生活环境，客观上也保护了我们的共同家园，值得江河中下游广大民众了解和学习。

——中国水利水电科学研究院副总工　中国水利学会水利史研究会会长　谭徐明

藏族先民尊崇万物有灵的信仰观，为人们用语言、行为和思想全方位敬畏、尊重和保护山山水水、为植被动物提供了支撑，从宗教和信仰的层面起到了积极的环保作用。佛教不仅看重人的生命，也看重自然界一切有生命的物质，认为人和其他生物出于不断变化的同一个生命系统。全民信教的藏民族，世世代代遵循这样的信仰和信念，形成了敬畏、珍惜和爱护大自然、保护江河水源的传统观念。佛教在藏族聚居区的普及，为三江源地区长期保持良好的自然和生态系统、保持优质的水源和充足的水量提供了保障。

——水利部中华水文化专家委员会委员　王凯

议题五：藏族人对山水的祭祀文化源远流长。正是这样的文化，让世代先民呵护的青山绿水传承至今。今天的我们，又该如何将这一文化延续与发扬，让它成为三江源保护的内核？

玉树的水文化建设是三江源保护中不容小觑的力量。我们应当以生态文明的理念来统筹水文化建设，以维护源头的自然与纯净为根本出发点和落脚点。借助文化传播的力量，通过建设国家水情教育基地、水土保持科技示范基地、国家水利风景区的方式，让水文化走向社会，让人们了解水文化、了解水文化传播的理念理解并支持水文化倡导的价值选择和政策导向。在文化传播过程中，官方需善于借助非政府组织的能量，引导并将这股能量规范化，确保三江源的文化建设沿着正确的方向、采用正确的方法前行。

——水利部直属机关党委宣传处处长　王卫国

三江源的保护，需要提升全社会对三江源的文化认知。我们可以通过策划源头祭水活动、组织源区科考，助力三江源水生态保护。具体而言，源头祭水的策划，可依托青藏高原土著山水文化"世界供桑"，集结国内知名专家学者进行顶层设计，以诵经文、裸鲤放生、取水敬神、用水净身等宗教仪式赞美山水天地，为民祈福。并通过各方努力使源头水祭祀活动上升为"三江源"区年度传统的文化盛典，借助三江源水文化的影响力，以寻求三江流域内发达城市对三江源地区的关注、支持和援助。

——青海省玉树州水利局局长　才多杰　副局长　王学仁

江河山川祭祀是中国特有的历史文化传统。自秦朝以来国家或地方政府主导的江河祭祀列入国家礼制已有两千多年的历史，它既是全民参与、相聚祈福的民俗节日，更是政府与民众联系的情感纽带，是水利威权管理的文化体现。它具有向民众传递国家意志、实施江河威权管理的政治意义，以及传递敬畏自然、保护江河理念的文化价值。

在玉树州治多县，保留了其他地方已然消失的江河祭祀仪式，这是相当难能可贵的。藏传佛教以祈福为主要功能的祭祀活动，有着值得传承的内容和形式，但在三江源保护的文化传播中，需要赋予祭祀新的内容和使命。

因此，我们认为对玉树而言，水文化的最高境界是三江源的国家公祭。建议挖掘和保护藏传佛教水神崇拜的文化遗产，在三江源的公祭中引入其文化精髓，赋予三江源祭祀独有的地域文化特点，增加三江源祭祀的仪式感和神圣感，唤起民众对江河对自然的敬畏，由内心生发出热爱江河、保护江河、维护三江源纯净的文化自觉，使玉树的江河文化得到弘扬和传承，使关爱江河的文化意识传递给更多的民众，使政府的水行政管理更具权威与认可度。

——中国水利水电科学研究院副总工　中国水利学会水利史研究会会长　谭徐明

治多县的水源祭祀活动极富感染力。无论是当地民众，还是外来游客，都不由自主地被带入到仪式感中，人人都期望得到水的滋润，人人都为灵魂得到净化而欣喜。在这样的情境下，我深切感受到公众对水源保护的影响力。因此，我们和当地的志愿者、文化学者达成一个共识：致力于"三江源"的生态保护和管理，确保"一江清水向东流"。同时，在三江源地区开展"关爱山川河流、保护江河源头"行动志愿者倡议活动，呼吁全社会为保护"三江源"良好生态，丰富和提升"三江之源、圣洁玉树"，建设美丽中国贡献力量。在这个基础上，水文化学者和玉树各界应该共同推进，争取最终将"三江源"提升到国家公祭的地位。

——水利部中华水文化专家委员会委员　蒋超

三江源地区的水祭祀内容非常丰富，值得深入研究。这种祭祀活动有深远的历史文化渊源，并且祭山、祭水、祭湖、祭神是连在一起的，又有浓厚的宗教特色。从文化保护和传承的角度看应该顺其自然，这样也就产生了民间性和泛文化的特点。问题是政府如何引导并将其凝聚成保护自然环境、弘扬传统文化、促进民族团结的重要正能量活动。

我很赞同今年玉树治多县的做法，政府举行了三江源国家公园长江源区"水文化节"，"治多—上海"联谊活动。是日，当地在白螺湖举行了民间祭祀活动，体现出"君住长江头、我住长江尾"，共同保护和治理一江水的氛围，治多和上海都在关注这次活动，内容丰富多彩，收效必定明显。这是一次很好的政府与民间互动的典范之举，值得研究和推广。当然、关于民间水祭祀的具体内容也要进行整理和研究，作为三江源水文化的重要内容展示。让更多的人、不同民族了解其内容和意义。如果条件成熟，三江源水祭祀应得到合理的提升和进一步弘扬。

——中国水利学会水利史研究会副会长　水利部中华水文化专家委员会委员　邱志荣

保护三江源是国家的大事。三江源是我国和亚洲最重要河流的上游关键源区。打开中国地图，你会发现，长江、黄河、澜沧江如同三条巨大的血管，横亘在中华大地，滋养着中原沃野、江南水乡。三条江河每年向下游供水约 600 亿立方米：长江总水量的 25%、黄河总水量的 49%、澜沧江总水量的 15% 来自这一地区。巨大的水量为各江河的水文循环起着初始作用，对全国、全球的大气、水量循环具有重要的影响。可以毫不夸张地说，三江源的汩汩清流养育了华夏民族，在我们的血管里流淌着来自玉树高原的冰雪之水。要扩大三江源保护的影响，使三江流域的城市市民都投入到江河保护上来，使全国人民都关注河流水环境，在传播三江源水文化精神的同时，必须不断提高三江源水文化节举办的层次，使地市级的三江源水文化节逐步提高为国家级的三江源国家公祭。

——水利部中华水文化专家委员会委员　王凯

玉树州首届三江源水文化节的成功举办，使水文化的影响力进一步深入人心，这是官方传播三江源文化的一次从"零"到"有"的突破，我们看到了玉树水利局和玉树州政府在其间的付出与努力。但就开幕式而言，水文化的比重略显单薄。建议今后的水文化节，在内容和形式上要与当地民俗更加紧密结合，充分利用当地的文化优势，以志愿者代表队的形式，号召全体青年志愿者参与到开幕式中，营造出丰富多彩的文化氛围和恢弘气势，展现水文化的深层内涵。

从长远来看，三江源文化建设已具备得天独厚的自然条件和文化内涵，我们就应该充分利用这一条件，在此基础上，明确以三江源国家公祭为最高目标，有步骤地推进水文化建设。在具体实践过程中，可以从各河源所在县的县祭开始，逐步推广到玉树州州祭，最后实现国家公祭，以此扩大三江源保护的社会影响力，从上到下唤起高层到全社会的关注。当然，实现这一远大目标并非一蹴而就之事，具体时间长短需根据实际情况分阶段推进。我们应该看到，现在三江源文化建设已经取得了一个非常好的开端，需更加坚定信心与信念，为最高目标而努力。

此外，浙江省钱塘江管理局作为江河管理部门，在河源保护重要性上与玉树州三江源保护有着一致共识。我愿意以一名志愿者的身份，相互交流经验，为绿水青山，为三江源保护，为建设我们的精神家园贡献自己的一份力。

——中国水利学会水利史研究会副会长　浙江省钱塘江管理局局长　徐有成

在此次三江源传统祭水活动中，我们看到了虔诚祈祷的藏民们，他们敬天地敬河山，这是三江源文化特有的内涵与魅力——对自然心怀敬畏。然而，在水源地生态日益恶化的今天，我们在继承与传播先祖敬畏山河的文化传统时，更应思考如何敬畏江河。

根据三江源生态环境保护协会志愿者统计显示，每年被随意丢弃在三江源自然保护区境内的垃圾中，生活垃圾占据了近80%。其中塑料瓶和玻璃瓶多达40%，衣物垃圾有30%，塑料垃圾占15%，纸品和尿布垃圾占10%，废铁垃圾占5%。可见我们关爱江河的环保意识仍是不够。须知道，水才是三江源生态中重要的控制因素，也是三江源保护的关键所在。汩汩清流汇成的三江之源，不仅是大自然给玉树的馈赠，也是它赋予整个流域乃至华夏文明的财富，我国18个省、自治区、直辖市，几近30%的国土面积，都仰仗于三江之水。因此，三江源保护不仅是玉树的责任，更是全社会的责任，它当是一项渗入全民的行动。

志愿者队伍是三江源保护中一支重要的力量，他们代表了一种符号——敬畏自然，传递水文化。建议在三江源保护中赋予志愿者更广泛的社会功能与更深层的责任：普及公众江河水情知识，引导社会公众树立自觉保护江河水源意识。在此基础上，联合社会各方资源，扩大志愿者队伍的广度和深度，建立具有专业特长的多类型志愿者队伍，使他们成为三江源保护行动中的引导者和核心力量。

——中国社会科学院当代中国研究所，在研博士后　陈方舟

引自《中国水利》，2016.17（总第803期），有删节并增加了标题

2015 年首届世界水源地峰会　　新华网西宁 8 月 13 日电（张大川）首届世界水源地峰会于 8 月 13 日在青海省玉树藏族自治州开幕。峰会旨在联合全球的科研力量，探讨三江源源头和全流域的科考、居住形态、经济发展的协作新模式。

"本次峰会请来了研究亚马孙河、湄公河等国际河流的顶尖专家，并通过联合国的组织架构试图建立一个有关世界水源地的知识共同体，讨论如何联合媒体、政府、学术界、企业界、环保界来创新保护自然水体和人类利用水的新模式。"水峰会策划核心模块设计者周雷说。

三江源为长江文明体系、黄河文明体系、澜沧江－湄公河文明体系的发源地，三条河流发端于昆仑，萌生于青藏高原，既是水系源头，也是藏羌等少数民族的文明摇篮。

"玉树就是三江源，三江源就是玉树。"玉树旅游局局长阿夏·永红说，"2014 年玉树灾后重建结束，今年是玉树文化旅游的启动之年。我们希望借助峰会这个平台，让世界重新认识玉树的生态地位，重新审视新的玉树。"

2015 年 8 月 12 日，由横断山研究会、自然力研究院、亚太生态经济研究院等民间智库所组成的世界水源地知识共同体与青海省玉树藏族自治州人民政府联合主办的首届世界水源地峰会将在青海玉树隆重开幕。为期三天的水峰会，除论坛和圆桌会议外，还设计了三江源国家公祭、生态展演、国际先进设计方案演示、项目考察等多项活动。值得关注的是，世界水源地知识共同体耗时近 10 年对世界各水系、水源地进行深度考察的多项研究成果也将在峰会上首次对外发布。目前，峰会各项筹备工作正紧张有序展开。

本届峰会主题为"陆上丝绸之路的亚洲水未来"，旨在以水为媒，在三江源的所在地青海玉树搭建一个亚洲水未来的跨国协同机制，为陆上丝绸之路建设创造一个未来水利用智库型平台，并积极探索以水为第一推动力的经济模式，为中国经济和社会转型，创立全新的水生计和城市建设模式。届时，水利部和环保部相关政府官员、国际学者、水生态科学家、水企业、环保组织等机构和个人将聚首玉树，共商三江源的保护与发展、跨区域的水责任、水政策与水融资等问题，探讨发起"玉树水模式"。

首届世界水源地峰会的举办，对中国和世界都具有非常重要而深远的意义。此前，世界级水峰会大多在发达国家举行，成为发达国家集结资源、影响国际水资源利用和水政策的"发达国家水俱乐部"，中国在其中影响甚微。而亚洲地区的亚太水峰会成为日本实施国际水战略的平台，中国作为河流源头国，在水资源利用方面反受到下游国家掣肘。中国亟须一个协调水资源、水政策、水科技、水发展方式、水生活方式的峰会机制，解决本国河流"上下游经济体"利益失衡、"水系源头地"和"江河三角洲"之间的经济政策、环保技术、生态知识、发展模式的断裂和缺环问题。世界水源地峰会的诞生将调整世界水资源利用格局，让中国在世界水资源和水政策的战略部署中掌握更多的话语权。

而对首届峰会的举办地玉树藏族自治州而言，这将是实施生态立州战略，实现跨越发展的关键一步。

近年来，随着"三江源"国家生态保护综合试验区的建立和生态补偿机制的完善及"三江源"生态保护与建设二期工程逐步推进，三江源地区生态环境有了明显改善，三江源生态保护模式，已从原来的应急式保护向常态化、持续性保护升级，从工程项目为支撑的保护方式向组织形式和体制机制创新保护升级。近日披露的三江源区生态资产核算与价值评估结果显示，三江源现存生态系统价值约14万亿元，每年可提供的生态服务和生态产品价值约5000亿元。世界水源地峰会将成为打开这笔巨大宝藏的钥匙，以水为媒，峰会带来的资源整合和系列智慧成果将为玉树农业、工业、生态旅游、商贸流通等的创新性发展带来全新的启发和强劲推动力。

亚太生态经济研究院是亚太地区唯一一家专注于生态经济研究和地域大数据开发的专业研究咨询机构，院长宗伟一行7月7日至10日在玉树州旅游局长的热情款待和陪同下，对玉树进行了为期4天的深入考察，他认为玉树生态文化，宗教文化和民族文化的基础在国内十分少见，凭借此次世界水源地峰会和三江源水祭祀活动，有望让更多的人了解玉树，爱上玉树，不仅仅因为地震，更是因为这里是中华文明的母亲河的真正源头，是整个国家的生态屏障。

水利部江河水利志工作指导委员会

中国名水志文化工程首批申报项目
专家评审会纪要

2021年4月13日，水利部江河水利志工作指导委员会在北京组织召开了中国名水志文化工程首批申报项目评审会，对首批申报的名水志项目进行专家评审。会议由中国水科院副院长彭静主持，水利部办公厅负责同志出席会议并作总结讲话，顾浩等12名专家参加评审。

2020年9月3日，水利部办公厅印发《关于组织实施"中国名水志文化工程"的通知》后，共有22个省（直辖市、自治区）和流域管理机构申报了110个项目。水利部江河水利志工作指导委员会秘书处（以下简称"秘书处"）对所有申报材料进行了初审，并综合考虑申报名水志项目的工作基础、重视程度、名水分类及特色等多方面因素，会同部分专家提出了首批名水志项目初选建议名单17项，提请本次专家会议评审讨论。会上，秘书处就申报材料总体情况、初选建议名单、后续工作计划作了详细说明，并就首批名水志遴选推荐名单审核公布、书稿审定、举办编纂培训班等事宜提出工作建议。

与会专家充分肯定了"中国名水志文化工程"的重要意义，并就名水志的工作定位、首批名水志申报项目及建议名单、组织推进方式与机制等进行了讨论。部分专家指出，中国名水志文化工程是一项政府行为，要做好顶层设计，压实管理机构责任，首批名水志项目要少而精，充分发挥它们的带动、导向和示范作用，充分体现代表性、权威性、关联性、类型性和区域性，体现名水的"名"和"特"等内涵。与会专家原则同意秘书处提出的首批名水志遴选基本原则，经过逐项讨论，形成了首批中国名水志文化工程建议名单。

会议指出，中国名水志文化工程是中国地方志指导小组牵头组织、水利部共同推动实施的一项重要文化工程，与之前的江河水利志相比，"名水志"的内容更强调对水文化的挖掘，旨在客观、系统记述江河及其流域的自然、生态、水资源开发利用等情况，彰显江河的历史底蕴、文化特色，体例、形式更便于向社会大众传播。"名水志"的推出，将成为具有标志性的水文化成果，对推进水文化建设工作有着重要意义。要把中国名水志文化工程作为水利部水文化建设的重要抓手之一，作为"十四五"水文化建设的重点任务、批次推进，要充分调动全国水利系统、各"名水"管理单位的积极性，保障首批中国名水志文化工程高质量、高标准、高效率完成，将中国名水志文化工程做成精品，做成水利部水文化的一个重要品牌和标志性成果，讲好中国名水故事。

会议要求，秘书处要将会议成果及时报告给中指办，配合中指办按照文化工程的统一要求和计划部署推进名水志工作、筹备好名水志编纂培训班，并与各地名水志负责单位加强联系、推进编纂进程。秘书处要做好具体工作组织、发挥好专业指导作用，确保首批名水志书稿能按时按量完成，并有序推进后续批次的名水志工作。

附件

首批中国名水志文化工程名单

1. 《黄浦江志》
2. 《永定河志》（北京）
3. 《塔里木河志》
4. 《人民胜利渠志》
5. 《宁夏引黄灌溉工程志》
6. 《乌梁素海志》
7. 《洱海志》
8. 《辽河志》（辽宁）
9. 《都江堰志》
10. 《桑园围志》
11. 《郑国渠志》
12. 《鄱阳湖志》
13. 《灵渠志》
14. 《浉河志》
15. 《鉴湖志》
16. 《大清河志》（河北）
17. 《玉树三江源志》

参 考 文 献

[1] （清）《西宁府新志》四十卷.（精）杨应琚纂修.

[2] （清）《西宁府续志》十卷，（清）邓承伟修，张价卿、来维礼，等纂.清光绪九年（1883年）修.

[3] 《民国西宁府续志》十卷，（清）邓承伟修，基生兰续纂.民国27年（1938年）铅印本.

[4] 周希武，玉树调查记.西宁：青海人民出版社，1986.

[5] 周希武.青海省玉树县志稿.（台湾）成文出版社刊印，1968.

[6] 韩荣.青海省志长江黄河澜沧江源志.郑州：黄河水利出版社，2000.

[7] 玉树藏族自治州地方志编纂委员会.玉树州志.西安：三秦出版社，2005.

[8] 长江水利委员会.长江志.北京：中国大百科全书出版社，2000.

[9] 黄河水利委员会.黄河志.郑州：河南人民出版社，1991.

[10] 中国水利史稿（上册、下册）.北京：水利电力出版社，1979，1989.

[11] 《黄河水利史述要》编写组.黄河水利史述要.北京：水利出版社，1982.

[12] 《长江水利史略》编写组.长江水利史略.北京：水利电力出版社，1979.

[13] 田天.秦汉国家祭祀史稿.北京：三联书店，2015.

[14] 清会典事例.中华书局.

[15] 山海经.四部丛刊初编.商务印书馆，1936.

[16] （北魏）郦道元.水经注.巴蜀书社影印王先谦合校水经注本，1989.

[17] 祁明荣，等.黄河源头考察文集.西宁：青海人民出版社，1982.

[18] 三江源水文化可行性研究报告.中国水利水电科学研究院，2017.

[19] 吕思勉.中国简史.北京：开明出版社，2018.

[20] 秦大河.三江源区生态保护与可持续发展.北京：科学出版社，2014.